U0185724

# 海的边缘

# The Edge
# Of The Sea

［美］蕾切尔·卡森（Rachel Carson） 著

李一漫 译

中国科学技术出版社

·北 京·

图书在版编目（CIP）数据

海的边缘 /（美）蕾切尔·卡森（Rachel Carson）
著；李一漫译 . — 北京：中国科学技术出版社，
2024.4
书名原文：The Edge of the Sea
ISBN 978-7-5236-0528-8

Ⅰ . ①海… Ⅱ . ①蕾… ②李… Ⅲ . ①海洋生态学
Ⅳ . ① Q178.53

中国国家版本馆 CIP 数据核字（2024）第 042633 号

| | | | |
|---|---|---|---|
| 策划编辑 | 方　理 | 责任编辑 | 方　理 |
| 封面设计 | 仙境设计 | 版式设计 | 蚂蚁设计 |
| 责任校对 | 焦　宁 | 责任印制 | 李晓霖 |

| | |
|---|---|
| 出　　版 | 中国科学技术出版社 |
| 发　　行 | 中国科学技术出版社有限公司发行部 |
| 地　　址 | 北京市海淀区中关村南大街 16 号 |
| 邮　　编 | 100081 |
| 发行电话 | 010-62173865 |
| 传　　真 | 010-62173081 |
| 网　　址 | http://www.cspbooks.com.cn |

| | |
|---|---|
| 开　　本 | 880mm×1230mm　1/32 |
| 字　　数 | 160 千字 |
| 印　　张 | 9.25 |
| 版　　次 | 2024 年 4 月第 1 版 |
| 印　　次 | 2024 年 4 月第 1 次印刷 |
| 印　　刷 | 河北鹏润印刷有限公司 |
| 书　　号 | ISBN 978-7-5236-0528-8 / Q·269 |
| 定　　价 | 69.00 元 |

献给多萝西和斯坦利·弗里曼（Dorothy and Stanley Freeman）夫妇。

他们伴我一同探访落潮后的世界，

领略它的美和神秘。

# 致谢

　　成百上千人的辛苦付出，才有我们对海岸性质、海洋动物生活的认识。他们之中，甚至不乏穷其一生只潜心钻研一种动物之人。为撰写本书而开展研究时，我为他们没有得到应有的感激深感亏欠。由于他们的辛劳工作，我们才能像生活在海岸的美丽生灵一样，感受到生命的完整。此刻，我立马意识到，我应立即向为我提供过帮助的人表达感激。他们曾慷慨无私地向我提供咨询，帮助我比较观察结果，给予我意见和资料。

　　我无法向所有帮助过我的人一一致谢，只特别提及其中几位。美国国家博物馆的几位职员，为我解决了许多问题。我要特别感谢R.塔克·阿博特（R. Tucker Abbott）、弗雷德里克·M.拜尔（Frederick M. Bayer）、芬纳·柴斯（Fenner Chace），以及已故的奥斯汀·H.克拉克（Austin H. Clark）、哈拉尔德·雷德尔（Harald Rehder）、伦纳德·舒尔茨（Leonard Schultz）。一直以来，布莱德利（W. N. Bradley）博士都在地质问题方面亲切地给予我许多建议，不厌其烦地回答我的提问，他们仔细翻读本书部分手稿，并极有见地地给出意见。我曾在辨认海藻时犯难求援，密歇根大学的威廉·兰道夫·泰勒（William Randolph Taylor）教授欣然向我快速回应。威尔士大学学院（University College of Wales）的教授斯蒂芬森女士（T. A. Stephenson），在海岸生态学方面开展了振奋人心的研究，她在往来书信中也给予我很多建议和鼓励。还有哈佛大学的亨利·B.比奇洛教授（Henry B. Bigelow），多年来一直给予我真诚鼓励和友善建议，为此我不胜感激。古根海姆奖学金资助了我第一年的研究，为本书的撰写奠定了基础，并让我得以由北向南，一路沿着贯通缅因州和佛罗里达州的潮汐线进行实地考察。

# 序 🚢

　　海岸曾是人类祖先最早留下足迹的地方，如今却已在人们记忆中渐渐淡去。如同大海本身一样，海岸让每一位归来的游子沉醉。海潮与激浪的反复律动，潮间带的多样生命，迸发出运动、变化与美感，让人流连忘返。此外，我还坚信，海岸具有源自其内涵与重要性的更为深刻的魅力。

　　当我们下至低潮线，我们便来到一个和地球一样古老的世界——土与水的原始交汇处，一个妥协与冲突并存、更迭亘古不休之地。对于同为生物的人类而言，这里具有特殊意义，因为正是在海岸及其周边，后来被称为"生命"的实体最先在浅海漂荡、繁殖、进化，斑斓多彩的生命之河从此处发源，滔滔不竭，翻涌过时间和空间，遍布地球的每一处角落。

　　要想了解海岸，仅对海岸生物进行分类，远远不够。只有当我们赤足在沙滩上，感受亿万年来陆地和海洋的周期更迭，感受这更迭如何雕琢出陆地的形貌，并孕育出塑造陆地的岩石与沙；只有当我们用心灵的眼睛和耳朵来感知，感知生命的洪流在海岸上激荡，横冲直撞，势不可当，急切寻找一方落脚之地——这样，我们才算真正了解。要想了解海岸生物，仅拾起一个空壳，说"这是一只骨螺"或"那是一只东方海笋"，远远不够。只有当我们对这个美丽生灵的漫漫一生有了直观感悟，感悟它如何在涛浪和风暴中奋力生存，它要面对或躲避的敌人是谁，它如何觅得食物又如何繁衍后代，它与其寄身的海洋世界又有何种关联——这样，我们才算真正了解。

全世界的海岸可以分为三种基本类型：崎岖的基岩海岸、沙质海岸，还有珊瑚礁海岸，其他所有海岸地貌都具备此三种的相关特征。每一类海岸都有它特有的动植物群。美国大西洋海岸同时直观呈现出三种不同的海岸类型，可谓世间罕有。虽然我将这里选作书中讲述海岸生物故事的背景，但海洋世界的普遍性表明，我的大致概述可能同样适用于地球上的其他诸多海岸。

我试着以生命与地球作为共同体的基本统一来诠释海岸。在第一章中，我回忆起过往曾让我深深触动的许多场合，坦诚内心并感到，于我而言，海的边缘别样迷人美丽。第二章介绍了本书的基本主题——海的力量。海浪、洋流、潮汐，以及海水本身，这些力量塑造择定了海岸的生命，将会在本书中被反复提及。第三、四、五章分别阐释了基岩海岸、沙质海岸，以及瑰丽的珊瑚礁世界。

为了方便喜欢按照人类大脑既已发明的分类法将发现整齐归纳的读者，特以附录展示动植物的常规群组（或"门"），并加以典型实例描述。

# 目录

# 第一章　世界的边缘

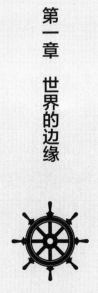

海的边缘瑰丽奇异。在地球漫长的岁月里，这里一直是动荡之地，海浪翻涌澎湃，猛烈地冲击着陆地，潮汐不断向大陆推进，退回，又再次逼近。海岸线的形貌没有一日相同。除了潮汐以永恒的节奏进退相接，海平面本身也从未片刻安静。冰川不断消融生长，海平面也随之上升或下降；深海盆地底部的沉积物不断加厚，将导致海底发生移动；以及为适应压力和张力，大陆边缘的地壳上下弯曲，都会改变海平面的形状。今天海洋可能多纳入了一点土地，明天则又可能少了一点。海的边缘永远是一条难以捉摸、无法定义的边界。

海岸既是陆地，也是海的边缘。随着潮汐涨落，海岸时而属于陆地，时而属于海洋。潮落时，它赤裸在酷热与严寒之下，受风吹雨打，灼阳暴晒，承受陆地世界的恶劣严酷；潮涨时，它变成水的世界，暂时回到大海宽阔的怀抱，享受短暂的安宁。

在如此复杂多变的地带，只有最为顽强、最能适应的物种才能生存，但潮间带却一派生机盎然。在环境艰苦的海岸世界里，生命展现出强大的韧性与活力，几乎占满了每一个可能存在的角落。它们赤条条地铺盖在潮间带的岩石上，或半藏半露地探入缝隙裂沟处，掩蔽在巨石下，潜伏在潮湿阴暗的海洞中。在看不见的地方，粗心的观察员可能以为生命并不存在，但其实它们埋在沙子深处，藏在洞穴、管道和通道中，钻进坚硬的岩石，潜入泥炭和黏土，嵌在海草、漂流的矿石或龙虾坚硬的甲壳上。它们微小地存在着，就像细菌薄膜一样蔓覆在岩石表面、码头高桩；就像某种原生动物，细如芒刺，在海面上闪闪发光；就像小人国的居民在沙粒间的漆黑水潭里游泳。

海岸是古老的世界，自从陆地和海洋诞生，就有了这块海陆交汇的地方。这个地方持续创造，永不停歇，环境凶险，但无法遏制生命的蓬勃顽强。每次来到这里，我就更能领略到海岸的美与深刻，感受到生物之间、生物与环境之间紧密相连、错综复杂的生命交织。

在我对海岸的印象中，有一处地方鬼斧神工，与众不同。那是一个藏于洞穴的水潭，只有在一年的低潮期，潮落到最低处将水潭露出，人们才能有幸得以短暂参观。或许正是如此，它被赋予了别样的美。我希望能在这次的潮汐日里一睹水潭的风貌。那日清晨，潮水将要下退，如果正值西北风，而且远处的暴风雨不会翻起汹涌的涛浪，那么海平面将会下降，露出水潭的入口。但昨夜里突然下起了阵雨，雨点如碎石般一把一把地砸在屋顶上，我不禁忧心恐生变故。黎明时分，我望向天空，太阳还未升起，只有灰蒙蒙的晨光。天与海都了无生气。海湾另一边，月如圆盘，光芒皎洁，高悬于西天，挂在远处昏暗的海岸线上空。八月的满月，将潮水向下拉扯，拉向别样的海洋世界。一只海鸥从云杉上掠过，打断我远望的视线，它的胸膛被微露的晨曦染成玫瑰红。天终于晴了。

稍迟，当我站在水潭入口附近的潮水上方，玫瑰色的光芒不退，仍然预示着天气晴朗。在我站立处的陡峭岩壁底部，一个长满苔藓的岩架伸向海的深处。在岩架边缘的浪涌里，掌状海带的黑色叶片轻轻摇曳，像皮革般光滑闪亮。伸出的岩架通往隐秘的洞穴和水潭。偶尔，一排格外猛烈的海浪平稳地翻滚过岩架边缘，撞击在悬崖上，破碎成泡沫。但是，浪涌之间的间隔足够长，足够让我通过岩架，一瞥那个面纱鲜少暂揭的水潭秘境。

我跪在海苔铺就的湿漉漉的地毯上，回望漆黑的洞穴，浅海盆地里盛着一汪水潭。洞穴只有几英寸①高，潭水盈盈的地面是天然的铜镜，全然映照出洞顶的面貌。

水潭晶莹剔透宛如琉璃，海绵青绿铺着潭底。洞顶海鞘株株，熠熠生辉，还有软珊瑚浅杏。正当我向洞内探去，一只

---

① 1英寸约为2.5厘米。——译者注

小精灵似的海星垂落，仅靠系在单只管足上的纤细丝线悬停在半空。它伸出触手向下够自己的倒影，倒影的轮廓完美无缺，看着像是两只海星相望。只是倒影的完美也好，水潭的清澄也好，都是镜花水月、短暂易逝的凄美之物，当海水回潮，漫过洞穴，一切便都不复存在了。

　　每逢大潮水位下沉，我下到这奇妙的低潮区，便会在海岸的栖息生物中寻找一种最美的"花"。但那不是植物，而是动物，在通往更深海域的入口处，它们如花般蓬勃盛放。这次我没有败兴而归。浅桃色的筒螅垂悬在洞檐上，像银莲花般舒展着流苏一样的触手，婀娜娇柔。它们是如此精致可爱，如梦如幻，这样纤弱的美，不像这惊涛骇浪里应有之物。然而一茎一须皆有其功用，螅茎、芽体、花瓣似的触须，都是为应对生存现实而进化出的本领。海潮退去之时，它们只是静心等待大海卷浪重返。于是，当水波汹涌、涛浪激荡，潮水奔袭施压时，娇嫩的花头欣欣似繁锦。纤细的螅茎轻轻摇曳，修长的触须拨弄回潮海浪，它们在大海里捕获生命所需的一切养分。

　　所以，在这海的入口，在这奇幻仙境，我心里深切相信的现实世界的模样，已与我一小时前还身处的陆地世界相去甚远了。在这夕阳西下，在这佐治亚州的海滩，我以不同的方式领略到相同的感悟：天地迢遥、世事离散。

日落黄昏时，内心的激动逐渐平静，我沿着泥泞湿滑、熠熠闪光的沙滩闲步，来到大海回撤的最边缘。回首，大地一望无垠，积水的沟壑蜿蜒曲折，潮汐过后，遍地零散着浅浅的水坑。我忽然意识到，即便海水时来暂去，每逢潮涨，潮间带总会被送回大海的怀抱。在低海面的边缘，人们似乎很难想起海滩也是陆地。这里很安静，唯有风吹、浪打和鸟鸣声。我听见海面上晚风拂过，海水滑过细沙，又顺着波浪形的沙面滚落。浅滩上鸟儿扎堆，响起斑翅鹬的歌唱。一只斑翅鹬立于水边，急促响亮地叫着，随后远处海滩传来回应，于是两只鸟儿结伴飞行。

红日即将西沉，最后一缕暮光折射在零星散落的水洼、潮沟，浅滩笼上一层神秘的面纱。鸟儿只余剪影，不辨颜色。像幽灵般，三趾鹬在海滩上疾步穿行，但四顾最引人注目的，还是斑翅鹬的墨色倩影。通常，我可以小心靠近，和它们仅咫尺相距，顿时，鸟儿们惊恐万状——三趾鹬四散奔逃、斑翅鹬四处乱飞，叫声嘹唳。一只只黑剪嘴鸥划过海的边缘，在暗金属色的天幕下映衬出轮廓，或掠过沙滩，隐隐约约间，仿若硕大的飞蛾。时而，它们浅浅擦过曲曲折折的潮沟，潮沟里泛起的层层涟漪，是鱼儿摆尾留下的痕迹。

入夜后的海岸，又是另一番风情。黑夜隐去了日光的滤镜，更加凸显其不着粉黛的面容。有一晚，我拿着手电筒考察海滩，搜寻的光束惊到了一只小鬼蟹。它在海浪拍打的最高处挖了一个浅坑，正躺在里头，好似在望海等待。漆黑的夜幕将海水、天空、海滩连为一片，这是远在人类诞生以前古老世界的混沌之态。万籁俱寂，唯有风吹过水面细沙、海浪拍打沙滩的原始之音交错。四下渺无人迹，唯有一只小蟹依偎在海岸。我曾在别处见过数百只鬼蟹，但此刻心头却充盈着一种奇异的感觉：这是我第一次见到它在自己世界里的模样，前所未有的，我明白了它存在的本质。刹那，时间静止，我身处的世界不复存在，我只是来自天外的旁观者。鬼蟹独面大海，构成生命本体的象征——渺小、脆弱，却有着蓬勃生机，设法在没有生命、荒凉严酷的现实世界中，占据立锥之地。

对万物创造的感悟，让我想起南部海岸。海水与红树林交融，在佛罗里达州的西南海岸协力构筑了一片由数千个小岛组成的荒野。小岛错落分布，以蜿蜒曲折的海湾、潟湖和狭窄水道相连。记忆里的一个冬日，天朗日和，虽无风，空气流动起来却清新爽朗宛如水晶。我前往其中一座小岛，在有海浪冲刷的一角上了岸，随后勉力蹒跚绕至避风湾一侧。潮水已退远，露出小湾宽阔的滩涂，红树林与之相接，虬枝盘曲，叶片油亮，长长的支柱根向下伸展，深深扎进土里，一点一点地延伸陆地。

零零星星，滩涂上散落着小巧玲珑、色彩斑斓的贝类，那是樱蛤的外壳，仿若一片片粉玫瑰花瓣纷飞飘落。它们的聚集区一定就在附近，掩藏在泥土表层之下。起初，仅见一只羽毛呈灰赭色的娇小鹭鸟——棕颈鹭，以其特有的蹑脚踟蹰之姿涉滩涂而过。但是，还有别的陆生动物也曾来过此地。你瞧，红树林的根须之间，有一串进出往返的新脚印，那是以牡蛎为食的浣熊曾来过此处，以捕捉用外壳突起处紧附支柱根的牡蛎。很快，我还发现一只滨鸟的足迹，那大概是一只三趾鹬。我跟着足迹走了一会儿，发现足迹通向大海然后消失。潮水将足迹冲刷抹去，仿佛它们从未来过这里。

眺望海湾，我强烈感受到在海岸的边缘，陆地和海洋相替相换，海陆两域的生命也休戚与共。我感到时间的消逝，持续流逝，抹除了许多过往，一如那日清晨，潮水冲洗掉鸟儿的足迹。

时间流转的连续和意义，都悄然镌刻在成百上千只栖息在红树林，啃嚼树枝、树根的粗纹玉黍螺身上。曾经，它们的祖先也是大海的居民，生命中的点点滴滴都与海水绑缚在一起。千百万年过去，绑缚一点一点松开，海螺已适应脱离海水的生活，如今生活在离潮好几英尺①的陆地，只偶尔才回到海里。谁又能知道，多少代以后，它们的后代也许不会再有追念

---

① 1 英尺约为 0.3 米。——译者注

海乡的仪式。

还有其他海螺在四处搜寻食物时，微小的螺旋形外壳在泥泞里留下蜿蜒的轨迹。这是蟹守螺。看见它们，我的心里忽然涌起怀古之情，多么希望自己也能亲眼见到，一个多世纪以前奥杜邦（Audubon）①曾见过的场景。小小的蟹守螺是火烈鸟的食物，曾经在这片海岸上，火烈鸟数不胜数。当我双眼半合，几乎可以想象艳丽夺目的火烈鸟在海湾觅食，海湾一片红艳华丽的画面。对于地球而言，那一切仅仅发生在昨天。在自然界中，时间与空间总是相对的，也许由这样一个奇妙时空所触发的、间或一闪而过的顿悟，才是最真实的主观感知。

串联这些场景和记忆的，是一条共同的线索——生命出现、进化，偶或灭绝，以种种形态呈现生之壮美。在这壮美之下，蕴藏其意指与价值。正是意指的捉摸不定，让我们困惑不已，一次次进入自然世界寻找深藏的谜底。于是，我们回到海的边缘。在这里，生命的大戏开天辟地拉开首幕，甚或序幕；在这里，进化的力量迄今仍有效运转，一如生命出现伊始；在这里，面对生存世界的浩瀚现实，生物奇景一览无余。

_____

① 约翰·詹姆斯·奥杜邦（John James Audubon，1785—1851），美国动物画家、鸟类学博物学家。——译者注

第二章　海岸的生物

刻写在岩石上的生命早期历史，相当模糊零散，因此我们无法知晓生命何时开始移居海岸，甚至无法推测生命最早出现的确切时间。在地球年历的前半段——太古代[①]，作为沉积物层层堆积、固结而成的岩石，经受数千英尺新老叠加的压力，以及长期将其束缚的地心深处的高温，已然发生化学和物理变化。只有在加拿大东部等少数地区，它们才会裸露出来供人研究。但即便岩石上的历史记载曾有过关于生命的清晰记录，也早已被消磨得一干二净。

再往后，历史又翻开几亿年，来到元古代，此时期形成的岩石同样让人失望。岩石含有大量铁质沉积，大概是由藻类和细菌形成的；还有罕见的球状碳酸钙，可能是由分泌钙质的藻类形成。这些古岩石中所谓的化石或化石印痕，已初步确定为海绵、水母或节肢动物，也就是有足有腿的硬壳生物，但更谨慎多疑的科学家则认为，这些遗迹起源于无机物。

在这最早几篇粗略记录之后，历史猛然断层，出现大片

---

① 太古代是地质发展史中最古老的时期，延续时间长达 15 亿年。——译者注

空白。由于侵蚀崩解，又或许因为地球表面剧烈变动被投入深海底部，代表前寒武纪不知几百万年历史的沉积岩消失无踪。这一巨大损失，让生命的故事篇章出现不可弥补的缺憾。

化石记录在早期岩石中的缺乏，整块沉积岩层的缺失，可能与早期海洋、大气的化学性质相关。专家认为，前寒武纪时期，海洋处于缺钙状态，或至少极易导致生物钙质壳与骨骼的分泌。若如此，此时期的海洋动物必然躯体柔软，难以化为化石。地质学理论认为，大气中大量存在二氧化碳，以及海洋中二氧化碳相对缺乏，也会影响岩石风化。因此，前寒武纪时期的沉积岩必然经受了反复侵蚀、冲刷、再沉积，化石因而毁损。

生命的篇章随后翻至距今约 5 亿年的寒武纪，岩石的记录重新恢复。此时，主要的脊椎动物，包括栖息在海岸的主要居民，全都乍然出现，它们结构完备、门类繁多，有海绵、水母、各类蠕虫，还有结构简单的海螺类软体动物，以及节肢动物。尽管更高等的植物还未出现，藻类却很丰富。当下以海岸为家的大类动植物群的基本图鉴，早在寒武纪时期，就已经一个个地在海里描绘完毕。基于确凿证据，我们可以假设，5 亿年前，高低潮线间的带状区域，与地球当下的潮间带已大体相似。

我们还可以假设，至少在此前五亿年里，在寒武纪发育良好的无脊椎动物群是从更为简单的结构进化而来的，虽然我们可能永远也无法知道它们那时的模样。生物祖先们的遗骸大概已尽遭大地湮灭，抑或没能妥善保存。或许，演变至今的部分物种的幼体阶段，能让我们借以遥想先祖的样貌几分。

自寒武纪开始，数亿年来，海洋生物不断进化。原始基本类群的繁多分支开始出现，新的物种也已产生，许多早期的生物结构则逐渐消失，因为已进化演变成更适应生存环境的新形态。但也有例外，少数寒武纪时期的远古生物如今还存在样本，它们和先祖的形态相差不大。海岸环境艰苦多变，一直是生命的试炼场，要想生存，必须要精准、完美地适应环境。

自古至今，海岸的所有生命，都以其存在来证明它们已成功应对了生存世界的现实困境，它们适应了大海恶劣可怖的客观环境，建立了和谐共处、互相依存、微妙平衡的生物关系。塑造出物种生活模式的现实要素交叠糅杂，因而模式纷繁庞杂。

浅水域和潮间带的底部，是岩壁巨砾，还是广阔的平原沙地，抑或是珊瑚礁和浅滩，决定着我们能见着怎样的生命模式。基岩海岸即便饱受海浪的冲击侵蚀，此处的生命只要适应紧附在抵消海浪力量的岩石或其他结构的坚硬表面，仍然可以坦荡安居。生物随处可见，无处不在——由海藻、藤壶、贻贝、海螺织就的彩色织锦将岩石覆盖，更为纤巧的小家伙则在缝隙裂沟处寻了个安乐窝，在巨石的投影下缓步爬行。与基岩海岸不同，沙质海岸的基底软、易松动、不牢固，沙砾不断被海浪搅动，因而鲜有生命能在沙滩表层乃至上层栖息安身。生命统统钻入地下，钻进洞穴、管道和地下洞室，在沙砾的掩护下隐秘地生活着。以珊瑚礁为主的海岸必然和煦明媚，温暖的洋流为珊瑚动物的繁衍生息创造出绝佳气候，使其得以安稳度日。无论死去还是活着，珊瑚礁都为生物提供了可以依附的坚硬表面。珊瑚礁海岸与岩峭林立的海岸相似，只是多覆盖了一层闷不透气的白垩岩。在珊瑚礁海岸，热带动物群种类多样，因而演变出独特的适应性，不必再倚赖矿岩或沙砾。美国大西洋沿岸涵盖以上三种全类型海岸，与海岸性质息息相关的各种生命形态都在那里清晰呈现。

当然，还有叠加在基本海岸形态上的其他生命形态。驻扎在风吹浪打中的生命，与栖息于风平浪静的生命全然不同，即便它们同宗同源。在潮汐激越的地区，生命一路从满潮线绵延至最低潮汐线，栖身于连续的沙洲或地带；这些地带要么有庇护几乎不受潮汐影响，要么是将生命赶入地下的沙滩。洋流使海水变得温暖，并让幼体阶段的海洋生物随波迁徙，由此创作出另一个世界。

美国大西洋海岸拥有多样全面的海岸类型，在生命的观察者面前徐徐展示了一场精心构思的科学实验，展现出潮汐、海浪、洋流对生命形态的改变。巧合的是，生命坦荡安居的北部基岩海岸，位于世界上潮汐最为猛烈的区域——芬迪湾。在这里，潮汐创造的生命区域，如图表般简洁有力。在沙质海岸的潮间带，生命的存在则更为隐秘，海浪对生命形态的影响清晰可见。强劲的潮汐、猛烈的海浪，无一会光顾佛罗里达州的南端。这里是典型的珊瑚礁海岸，珊瑚动物和红树林在温暖平静的海水里繁衍扩张，海洋生物随着来自西印度群岛的洋流漂漂荡荡，沿途复制海岸地区独特的热带动物群。

除去以上，还有由海水本身产生的模式。海水带来或扣押食物，携带具有强大化学性质的物质，无论祸福好坏，都深切地影响着碰触到的每一个生命。海岸上，生物与周围环境的关系并非单一因果；每一个生物都与它的世界有着千丝万缕的联系，编织出错综复杂的生命结构。

开阔海域的居民不用担心要面对碎浪，当大海汹涌而来，它们可以猛地扎入深海，轻巧躲开。海岸的动植物没法这般逃命。海浪冲袭海岸之时迸裂出的恐怖力量，有时会带来不可思议的猛烈打击。大不列颠岛和其他东大西洋岛屿上的海岸，裸露无遮蔽，经受着世界上最为狂暴的涛浪，形成这涛浪的是席卷整个大洋的风暴。有时，海浪的冲袭可达每平方英尺 2 吨之大。美国大西洋沿岸有庇护，不用迎击此般涛浪，但即便如此，冬季暴风和夏季飓风在这里引发的海浪也规模巨大、破坏极强。位于缅因州海岸的孟希根岛（The Island of Monhegan）没有避风港，风暴长驱直入，面向大海的岩礁峭壁直面海浪袭击。猛烈的风暴将碎浪抛至白头岛（White Head）顶上离海面100 英尺的高空。有时，碧涛则会席卷较矮处的峭壁——大约60 英尺高的鸥岩（Gull Rock）。

即便与海岸相隔遥遥的海底，仍无法轻视海浪的冲击。置于水下 200 英尺深的龙虾笼，经常会因这冲击移动，或者笼中常有石块被卷入。自然，最为险峻之处还是海岸或滨海之地，海浪在这里碎成片片浪花。即便如此，海岸也极少能够彻底击溃生物立足安身的不遗余力。如果海滩全是松散的粗沙，潮涨时，海水将沙子来回冲刷，退潮时，沙子中的水分又会迅速蒸发，因此这里往往寸草不生。沙土密实的海滩，看上去虽然仍是不毛之地，但沙土的深处其实维持着动物群的丰富存在。然而，在由峭壁岩架构成的海岸，除非海浪具有横扫千军之力，不然此处就是数量庞大、种类繁多的动植物群的驻地。

　　藤壶大概就是成功定居碎波带的杰出代表，还有帽贝、蝛花玉黍螺也做得相当出色。若只是中等强度的海浪，别的藻类可能需要寻求保护，但一种被称为齿缘墨角藻（别名"岩藻"）的粗粝的棕色海藻，大可以在其间茁壮成长。有了一点经验之后，我们可以学会仅通过识别动植物来判断海岸的裸露程度。比如，多节藻修长纤细，退潮时就像打了多个绳结的麻索，如果一片宽阔海域被它覆盖，以它为主，那便可以得知，这个海岸受到了适度保护，很少会有猛浪光顾。

　　然而，这片区域若是少有或全然没有多节藻的存在，仅有矮小得多，不断分叉，叶片越来越扁、越来越细的岩藻覆盖，那便可以敏锐察觉到，这是一片开阔的海域，海浪的冲击甚有威力。若是看见分叉岩藻，以及组织强韧的矮生海藻家族成员，便可以辨认出这是一片裸露的海岸，在多节藻无法忍受的恶劣环境里，它们繁荣茂盛。再如果，一片海岸几乎寸草不生，只有移动的雪花藤壶覆盖着岩石地带——千千万万个藤壶举起尖尖的锥迎战海浪——我们可以确定，这个海岸完全不受保护，直面浪头猛击。

　　藤壶具有两大优势，让它能在其他生命几乎都无法生存的环境下安身立足。它矮圆锥形的壳可以偏转波浪的力量，让海水从它身上轻柔地涌过，而且，锥壳底部用强度极高的天然水泥将其牢牢固定在岩石上，要想把它移除，必须得用锋利的刀刃。因此，面对在碎波带被冲走、被压碎的两大危险，藤壶应对自如，毫无压力。然而，一旦想起这个事实，就会感到藤壶能在这样一个危险之地安身立足非常不可思议：在这里站稳脚跟的，不是外形和坚实牢固的底座都精确适应了海浪的成年生物，它只是幼体。惊涛拍浪中，娇弱的幼体不得不在海浪冲刷的岩石上安身立足，当它的组织向成年体转化而重组，当水泥被压紧压实，壳板包裹着柔软的躯体生长。在这些关键的时刻，藤壶竟然没有被冲走。在我看来，要在汹涌的浪涛中完成这一切，藤壶比岩藻的芽孢要困难得多。然而事实是，在海草难以生存的、全然裸露的基岩海岸，藤壶安营扎寨。

其他生物也采用并改进了流线型外形，其中一些还摆脱了对岩石的长久依附，比如帽贝。帽贝是一种结构简单、原始粗野的贝类，柔软的身躯托着贝壳，就像人戴着帽子。海浪绕着这个光滑平坦、歪歪倒倒的椎体轻轻柔柔地旋开；其实，落潮的冲力只会将贝壳下的软体组织压得更实更紧，增强它对岩石的抓握力。

还有一些生物，除了保留平滑流畅的轮廓，还利用锚线将自己固定在岩石上。贻贝便用这种方法，在有限的生存区域里无限繁殖，多如群星。每一只贻贝的壳都被无比坚韧、如丝光滑的足丝牢牢锚定在岩石上。足丝天然而生，由其足部的腺体分泌纺成。锚线朝着各个方向延伸，若发生断损，其余锚线将继续发力替代补损。但锚线大多伸向前方，风浪冲击时，贻贝往往会调转方向，仿如一艘小船迎头面向海浪，将海水带往尖细的"船头"，全力削弱海浪的击打。

即便是娇小的海胆，也能在中等强度的海浪中将自己牢牢锚定。海胆的管足细长，每个末端都有吸盘，刺向四面八方。缅因州海岸的绿海胆曾让我叹为观止。它们在大潮时期海水位到达最低时，紧紧抓住裸露的岩石，绮丽的珊瑚藻就在海胆亮闪闪的绿色身躯下，一层层铺开玫瑰色的壳。这里的海底陡峭倾斜，当低潮期的波浪在坡顶拍碎，激荡的水流就会把海胆统统卷入大海。然而，每当浪潮退去，海胆还是会回到它们以往的驻点，风吹浪打不动摇。

长柄海带在低于大潮的昏暗森林里随波摇曳。对于它们而言，在碎波带赖以生存的法宝是化学物质。海带组织含有大量的海藻酸和海藻酸盐，两种化学物产生的拉伸强度和弹力，让海带可以抵受海浪的撕扯和撞击。

还有一些动植物，为了闯进碎波带，选择把生命的形态极简成薄薄一层蠕动的细胞垫。凭借这种外形，海绵、海鞘、苔藓虫和海藻便能承受海浪的威力。但是，一旦海浪重塑调节的力量不复存在，相同的物种也可能会呈现出完全不同的形态。浅绿色的面包屑海绵，平躺在对着大海的岩石上，薄得像张纸片；然而回到岩石区的潮水深潭，海绵的组织则堆积成团，遍布它特有的锥形火山口结构。同样，星海鞘暴露在海浪中时，像一层剔透的果冻，但在平静的水域中，它垂下悬垂的顶端，周身点缀着星光。

就像在沙质海岸，几乎所有生物都学会挖洞来避开海浪，生活在基岩海岸的生物则通过钻孔来寻求安全。在卡罗来纳海岸，凡有年代久远的泥灰岩裸露之处，必然遍地都是枣贻贝钻凿的窟窿。大量泥炭土中含有东方海笋（又称"天使之翼"）精雕细琢的壳。壳身看似脆弱如瓷器，却能在黏土岩石上钻孔；还有番红砗磲能钻进混凝土墩，蛤蜊和等足类能钻进实木木材。以上所有生物，都是以自由为代价换来避难所，被永远拘禁在它们用心雕琢的囚室。

庞大的洋流系统，似河水般在海洋中流淌，大多远离海岸。有人或许会以为洋流对潮间带诸事万物的影响微乎其微，但其实其影响深远、波及广泛。洋流长距离输送大量海水，这些海水经过数千英里[①]的旅程之后仍然保持着初始的温度。经

———————

① 1英里约为1.6千米。——译者注

此，热带的温暖被带往北方，北极的严寒则被送往赤道。洋流是海洋气候的创建者，其影响很可能高于其他一切要素。

气候的重要性在于，生命哪怕被宽泛定义为包括所有种类生物，也只存在于相对狭窄的温度范围内，即0℃至99℃。地球特别适宜于生命，也是因为地球上的温度相对稳定。尤其在大海里，温度变化和缓渐进，海洋动物也相应微微调整自身来适应熟悉的海水气候。因此，海水温度若发生剧烈变化，将会对它们造成致命威胁。居住在海岸且暴露在空气温度下的动物，必然更加耐寒，但即使是它们，也有更为偏好的冷热范围，并且少有离开。

相比北方动物，热带动物多数对温度变化更为敏感，尤其是当温度升高时。这可能是因为在它们生活的水域，温度一年四季只有几度之差。若浅水域的温度上升至37.2℃，部分热带海胆、大锁孔帽贝、海蛇尾就会死掉。但北极的狮鬃水母极度耐寒，即使一半身体困于冰水，心跳也能持续搏动，甚至被冰冻数小时后也有可能复活。马蹄蟹也是一种对温度变化耐受很高的动物，能适应的温度范围广，在寒冷的北方如新英格兰，被冻结成冰仍然存活下来；而在温暖的南方，也能在佛罗里达州以及更南的尤卡坦州的热带水域里繁衍生息。

多数情况下，海岸动物可以承受温带沿海的温度季节性变化，但也有部分动物必须得躲避冬季的酷冷。鬼蟹和滩蚤会在沙滩上挖一个深深的洞穴，进入冬眠。一年中常常在海浪里觅食的鼹蟹，到了严冬，也得退隐到近海海底。外表酷似开花植物般的水螅，到了冬天也会缩回身体的核心部位，将所有生命组织都收入基部的螅根。还有一些海岸动物，就像每年春生夏死的植物一样，死于夏日消逝之时。在夏季的沿海水域，白水母相当常见。当最后一扫秋风吹熄，它们的生命之火也被吹灭，但它们的下一代将长成形似植物的小生命，附着在潮汐下的岩石。

对于大多数全年长居老地方的海岸居民而言，冬日里最危险的不是寒冷，而是寒冰。大量岸冰形成的年岁里，海浪中坚冰的机械打磨，就足以将岩石上的藤壶、贻贝和海藻刮除得一干二净。这种情况一旦发生，就可能需要好几季的生长和数个暖冬的滋养，才能恢复整个生物群落。

由于多数海洋动物对水生气候有明确偏好，可以把北美东部沿海海域分为若干生命区。虽然区域内部分水温变化是由于从南向北的纬度变化，但也受到洋流模式的巨大影响——温暖的热带海水被墨西哥湾暖流带往北方，冷冽的拉布拉多洋流顺着墨西哥湾暖流向陆地一侧，由北向南长驱直下，冷热海水在两股洋流的交界处复杂混合。

墨西哥湾暖流经佛罗里达海峡，北上哈特拉斯角（Cape Hatteras），一路沿着宽度差异极大的大陆架外缘流动。佛罗里达州东海岸的朱庇特湾（Jupiter Inlet）附近，大陆架非常狭窄，人们甚至可以站在海岸上，越过翠绿色的浅滩眺望，看远方海水的颜色忽然变成墨西哥湾暖流的青蓝。此处似乎立着一个温度的屏障，将佛罗里达州南部和礁岛群的热带动物，与卡纳维拉尔角（Cape Canaveral）和哈特拉斯角之间的暖温带动物隔开。也是在哈特拉斯角，大陆架变窄，墨西哥湾暖流更靠近海岸，北上的暖流淌过浅滩和水下丘谷交错的复杂地形，又形成了一条生命区的边界，虽然这条界限不断变化，远非绝对。冬季，哈特拉斯角的温度可能会阻断温暖海水向北迁徙的路径；但是夏季，温度的屏障将被打破，无形的巨门将被打开，相同的生物物种可能会向北方的科德角（Cape Cod）繁衍。

到了哈特拉斯角以北，大陆架变宽，墨西哥湾暖流远离海岸，与来自北方的寒冷海水激烈渗透融合，加速暖流逐步冷却。哈特拉斯角和科德角之间的温差之大，好比大西洋两岸的加那利群岛（Canary Islands）和挪威南部之间的巨大温差——但后两者间的距离是前两者的 5 倍。对于迁徙的海洋动物而言，这里是中间地带——冬季的冷水区，夏季的温水区。这里似乎接收了来自南北方更耐受温度变化的动物，因此即便是常驻的动物，也具有含混不定的特征，少有物种是这里独特存在的。

长久以来，科德角被动物学界认为是数千种生物活动范围的临界。它伸向大海深处，干扰了南方温暖海水的北上渠道，还将北方的寒冷海水圈在它长而曲的海湾。科德角也是各类海岸的转折点。南方长长的沙质海岸带被基岩海岸取代，并且沿海地区被岩石占据得越来越多。岩石形成了海底，也形成了海岸；这里，陆地形貌同样崎岖延伸，直到被淹没消失在远岸。此处的深水区温度偏低，与在南方时相比，更贴近海岸，给海岸动物的数量带来有趣的局部影响。尽管近岸水深，众多岛屿和犬牙交错的海岸形成了一个大的潮间带，养育着种类丰富的海岸动物。这里是寒温带区，无法适应科德角以南温暖水域的许多物种在这里定居。既是因为这里水温偏低，也是因为此处为基岩海岸，多彩艳丽、繁盛茂密的海藻织出一张绣毯，覆盖着退潮后裸露的岩石，喂养着成群的玉黍螺。海岸上，数以百万计的藤壶被数以百万计的贻贝遮盖。

往北，在拉布拉多半岛、格陵兰岛南部和纽芬兰岛部分地区的海域，海水温度和动植物属性都具有亚极带性质。再往北便到了北极地区，但二者边界还不明确。

虽然借助基本生命区，仍然可以对美国海岸进行方便且有理有据的划分，但到 20 世纪 30 年代前后，科德角已不再是温暖海域的物种试图绕过的绝对屏障。奇妙的变化已然发生，许多动物从南部侵入这个寒冷的地区，并向北压进，穿过美国缅因州，甚至抵达加拿大。自然，物种的新分布与气候的普遍变化相关。变化大概始于 20 世纪初，现在已被广泛认可——最初是发现北极地区普遍变暖，然后是亚北极地区，当下在美国北部各州的温带地区也发现气温升高的迹象。由于科德角以北的海域变暖，不仅是成年动物，各类南方动物在生命早期的关键阶段也能存活。

北进大迁徙中，最让人印象深刻的是绿蟹。曾经，绿蟹在科德角以北寂寂无闻；如今，对于缅因州每一位捕捞蛤蜊的渔民而言，绿蟹可谓家喻户晓，因为它惯常捕食幼小蛤蜊。19 世纪末 20 世纪初，动物学手册将绿蟹的生长范围从新泽西州扩大至科德角。1905 年，波特兰附近发现了它的踪迹。到了 1930 年，在通往缅因州海岸中途的汉考克县（Hancock County）采集到它的标本。往后十年里，它一路搬到了温特港（Winter Harbor），还在 1951 年被发现于缅因州的卢贝克（Lubec）村。然后，它又沿着帕萨马科迪湾（Passamaquoddy Bay）的海岸繁衍，并越过加拿大新斯科舍省（Nova Scotia）。

随着海水温度升高，缅因州的大西洋鲱变得稀少。这不一定是唯一原因，但也绝非不相关。由于大西洋鲱减少，其他鱼类从南方涌入。门哈登是鲱鱼家族成员，数量众多，被大量用于制作肥料、鱼油和其他工业产品。19 世纪 80 年代，缅因州还有捕捞门哈登的渔业，随后门哈登便在此地消失了，多年来几乎仅在新泽西州的南部地区还能被捕捞到。但是，1950 年前后，门哈登逐渐重回缅因州海域，接着弗吉尼亚州的船只和渔民也开始重操旧业。同族的另一种鱼——圆腹鲱——其生活范围也扩大到更北的地区。20 世纪 20 年代，哈佛大学的亨利·比格洛（Henry Bigelow）教授曾报告称，从墨西哥湾到科德角，都有圆鲱鱼出现，但在科德角各地很少见①。然而，20世纪 50 年代，缅因州海域里出现了大量的圆鲱鱼，渔业开始尝试罐头加工。

其他零散的报告也证明了同样的趋势。富贵虾以前被科德角阻挡，现在已经将海角围成一圈，并扩散到缅因湾南部。随处都有温暖夏季不适宜软壳蛤生存的迹象，硬壳蛤正在纽约海域将其取而代之。牙鳕曾经是科德角以北唯有夏季才出现的鱼类，现在此地全年都可以捕捞，其他曾经被认为南方独有的

① 在普罗温斯敦（Provincetown）捕获的两条圆鲱鱼被保存在哈佛大学比较动物学博物馆（Museum of Comparative Zoology at Harvard）。——译者注

鱼类也可以沿着纽约海岸产卵，要知道早前，纤弱的幼鱼会被肃杀的冬天杀死。

虽然当下情况不尽相同，但从科德角一直连通纽芬兰的海岸带，通常是一片凉爽的水域，有北方的动植物栖息。大海的容纳和融合，让这里与遥远的北境有着稳定迷人的亲近关系，也与北极海域，以及从不列颠群岛延伸至斯堪的纳维亚半岛的广阔海岸密切相关。此处有许多物种都在东大西洋被完美复制，所以为不列颠群岛编写的生物手册，在新英格兰也很管用，新英格兰大约 80% 的海藻和 60% 的海洋动物都被该手册涵盖。其实，比起英国海岸，美国北方地区与北极的联系更为紧密。北极地区的海带是大型的海带藻类，往南至缅因州海岸还有存在，但在东大西洋并未出现。北极地区的海葵在北大西洋西岸大量聚集，在加拿大新斯科舍省还经常能发现它的踪迹，再往南至缅因州则较为少见，但在东岸，它没有徙居英国，生活范围被限制在更北的较冷水域。绿海胆、血红海星、鳕鱼和鲱鱼等物种都是环绕北方分布的代表动物群，北进直达极地顶端，然后被冰川融化、浮冰漂流所产生的寒流冲击，掉头转南，前往北太平洋和北大西洋。北大西洋两岸的动植物群如此类同，表明物种穿越大洋必然相对容易。墨西哥湾暖流将生物迁离美国海岸，然而东西两岸迢迢万里，加之幼体寿命不长，且蜕变为成熟体时要求就近有浅水滩，迁徙情况便更为复杂。在大西洋中央的北部，水下的山脊、浅滩和岛屿为迁徙生物提供了中转站，把横越大西洋分为几个简单步骤。在早前地质时期，水下浅滩甚至更为辽阔，因此在很长一段时期，无论物种是否自愿迁徙，横渡大西洋都是可行的。

大西洋低纬度地区几乎没有岛屿或浅滩，生物必须穿越广阔的深水盆地。但即便如此，也有幼体和成熟体经此迁徙。百慕大群岛被火山喷发抬升至海面，当生物自西印度群岛经墨西哥湾暖流迁徙至此，百慕大群岛将整个动物群接纳。在小范围内，跨越大西洋的长途迁徙已经完成。同样，考虑到横跨大西洋的现实困难，在东西两岸的西印度群岛与非洲，海星、海虾、小龙虾和软体动物等物种的种类大同小异，显然也是赤道洋流的手笔。可以合理假设，乘着浮木或海藻漂流，完成了如此漫长的旅程，抵达新家园的生物已发育完全。据报道，当今好几种非洲的软体动物和海星也是通过这种方式抵达了圣赫勒拿岛。

古生物学的记载证明了大陆形状和洋流流动的变化，因为早期的地球模式导致了目前许多动植物的神秘分布。比如，大西洋的西印度地区曾经以海流为媒介，与遥远的太平洋、印度洋直达直通。然后南北美洲之间架起了陆桥，赤道洋流向东折返，给海洋生物的散播建立了无形的屏障。但从现下存活的物种中，可以找到过往的印迹。我曾在佛罗里达州的万岛群岛一个宁静海湾的湾底，发现一只生活在乌龟藻丛间的稀有软体动物。它的颜色如水草般鲜绿，小小的身躯从大大的薄壳中鼓了出来。它是魁蛤的一种，最近的近亲栖居在印度洋。在南、北卡罗来纳州的海滩上，我发现了像岩石块一样的钙质管，那是由一种黑黢黢的蠕虫分泌形成的。这种蠕虫在大西洋几乎无人知晓，但是在太平洋和印度洋却大量分布。

所以，运输和广泛散播是一个长期持续、全球普遍的过程，体现了生命尝试触碰外面世界、占领地球所有可居住地的需要。在任何时代，生命的分布模式都由大陆形状和洋流流动共同塑造，现下模式并未定型，也永不会僵定。

在潮汐活动强烈且波及广泛的海岸，人们每时每刻都会留神大海的潮起潮落。周期重复的每一次潮涨，都是海洋对大陆发起的惊心动魄的进攻，看那海水气势汹涌冲破陆地的城门。然而海潮下落，暴露的则是一个奇异陌生的国度，也许是一片宽阔的泥滩，泥滩上稀少罕见的洞坑、土丘或轨迹证明了此处隐匿着别于陆地的生物；也许是一片海岩草甸，潮水退去，海岩草全都湿答答地趴卧着，给身下的动物罩上防护斗篷。潮汐甚至给人更直接的听觉冲击，发出一种全然不同于海浪的独特声音。远离开阔海域澎湃波涛的海滩上，潮涨的声音最为清晰。寂静深夜里暗流汹涌，浪花翻腾，漩涡翻滚，还有潮水不断拍打陆地边缘的岩石，潮水发出混乱骚动的嘈杂声。有时，潮水轻声细语、窃窃私语；但突然，这一切又都被倾泻如注的潮水所淹没。

在这样一片海岸，潮汐塑造着生物的性格和习性。潮水起起落落，让生活在高低水位线之间的生物每天都能体验两次陆地生活。低潮线附近的生物很少暴露于阳光和空气中；而对于居住在海岸更高地的生物，待在陌生环境的时间间隔更长，需要更强的耐受力。但在潮间带地区，生命的脉搏统统与潮汐的节奏保持一致。在海陆交替的世界里，海洋动物呼吸溶解在海水里的氧气，它们必须学会时刻保持身体湿润；少数呼吸空气的生物，从陆地越过高潮线来到海洋，必须携带好氧气供给，才不会被翻涌的潮水淹死。潮位低时，潮间带动物大多会食物短缺，它们必要的生命活动都得在海水覆盖的海岸上进行。所以，潮汐的节律反映在生物动静交替的节律之中。

潮涨时，隐居在沙土深处的动物将现出身来，或伸举着长长的呼吸管或虹吸管，或从地穴里抽水。附着在岩石上的动物会打开壳、伸出触须来觅食。食肉动物和食草动物都在蠢蠢欲动。潮退时，沙栖生物会退回沙土潮湿深处，生活在岩石上的动物就要使出浑身解数来避免身体干燥。分泌钙质管的蠕虫会缩回管中，并用改性鳃丝封住入口，就像给瓶子塞上软木塞。藤壶把壳紧紧一闭，将水分锁在鳃的周围。海螺缩回壳中，关上门一样的鳃盖来隔绝空气，锁住海水的湿润。钩虾和滩蚤躲在岩石杂草下，等待潮涨将它们解放。

整个朔望月，随着月盈月亏，月亮的引潮力也有强有弱，高低水位线每天都在变化。满月以及新月之后，月亮对海水的引力达到当月最强，因为太阳、月亮和地球连成一条直线，太阳和月亮对海洋的引力叠加在一起。出于一些复杂难懂的天文学原因，最强的潮汐力应该在满月、新月的后几天内产生，而非满月、新月当天。这时候的潮水，高潮线会比平时更高，低潮线也更低。这被称为"朔望潮（springtide）"，词源为撒克逊语"sprungen"，是"spring"的古英语，但并不指季节，而是指潮水丰盈满溢，像弹簧一样轻快有力地"弹"了起来。亲眼见过新月时潮汐弹压岩石峭壁的人，都丝毫不会怀疑这个词的恰如其分。四分之一月相时，月亮与太阳的引力成直角，因此两种力量相互掣肘，潮汐运动平缓松弛。接下来，潮涨不会像朔望潮那么高，潮落也不会那么低。这种懒洋洋的潮汐被称为"小潮（neaps）"，与朔望潮的大潮相对。小潮的词源也可以追溯到古斯堪的纳维亚语的词根，意为"近在咫尺""聊胜于无"。

北美洲大西洋沿岸的潮汐为半日潮，一个太阴日（约 24 小时 50 分）内会发生两次高潮和两次低潮。每个低潮都发生在上一个低潮后大约 12 小时 25 分（可能会有轻微的局部变化）。当然，两次高潮的间隔也是如此。

潮汐的涨落起伏在全球各地差异巨大，甚至仅在美国的大西洋沿岸也有显著变化。在佛罗里达礁岛群周围，潮水只有 1~2 英尺起伏。在佛罗里达漫长的大西洋沿岸，落差可达 3~4 英尺。而在更北的佐治亚州海洋群岛，潮水可涨到 8 英尺高。随后在南北卡罗来纳州以及新英格兰沿岸，潮汐运动相对温和，朔望潮时，潮水在南卡罗来纳州的查尔斯顿（Charleston）最高只有 6 英尺，到了北卡罗来纳州的博福特镇（Beaufort）只有 3 英尺，最后在新泽西州最南端的开普梅（Cape May）最高达到了 5 英尺。楠塔基特岛几乎没有潮汐起伏，但在距离其不到 30 英里外的科德角海湾，朔望潮的落差可达 10~11 英尺。新英格兰大部分的基岩海岸都在芬迪湾的大潮区。从科德角到帕萨马科迪湾，潮汐起伏各不相同，但落差都相当大：在普罗温斯敦为 10 英尺，在巴港（Bar Harbor）为 12 英尺，在东港（Eastport）为 20 英尺，在加来（Calais）为 22 英尺。澎湃潮汐撞上基岩海岸，让此地生命大多暴露在野外，极佳地展示了潮汐对生物的影响。

日复一日，强劲的潮汐在新英格兰的岩石岸边涨涨落落，它们在海岸上的前进后退，留下一条条平行于海界的彩色醒目条带。条带或区域由生物组成，并反映了潮汐作用的层次，因为特定海岸线暴露的时间长短，在很大程度上决定着哪种生物可以在此生存。最顽强的物种生活在高层。地球上部分最古老的植物，比如蓝绿藻，尽管数亿年前自海洋发源，如今已冒出大海，在高潮线之上的岩石上留下深色的痕迹，其黑色区在世界各地的基岩海岸都能清楚看见。黑色区下方，海螺正在进化为陆生动物，以植被薄膜为食，藏在岩石缝隙中。但最引人注目的区域还在上层潮汐线。在海浪不疾不徐的开阔海域，岩石被正好低于高潮线的数百万藤壶染白，这白色又时不时地被掺杂进贻贝的墨蓝。它们之下是岩藻的棕色原野。爱尔兰藻朝向着低潮线蔓延，像伏地的软垫——懒洋洋的潮汐并不能将这一大片浓艳暴露出来，但强劲的潮汐会让它们显现。有时，红褐色的爱尔兰藻会被另一种亮绿色的海藻缠绕，后者像头发一样生长，如金属丝般坚硬。朔望潮的最低潮在落潮的最后一小时内，揭开了另一片区域——潮下带的面纱。在这里，分泌石灰质的海藻包裹着岩石，将岩石涂成鲜红的玫瑰色。裸露在岩石上的，还有闪闪发光、宛如棕色条带的大型海带。

　　这种海岸生物分布模式遍布世界各地，仅有略微差异。各地之间的差异，通常与海浪影响有关，一个区域的生命可能因此被压迫抑制，而另一个区域的则生机勃勃。比如，在被波浪严重侵袭的上层海岸，白色的藤壶条带铺开延展，岩藻区则大大缩窄。而在海浪的保护下，岩藻不仅一举占领中部海岸，而且进攻上层岩石，使藤壶的生存举步维艰。

　　也许从某种意义上说，真正的潮间带是指小潮时高水位和低水位之间的区域。这个区域在每个潮周期，或每天两次，都被完全淹没和暴露。此处的常驻生物是典型的海岸动植物，需要每天都与大海接触，但也能忍受一定限度地暴露于陆地环境中。

　　小潮的高水位上方，有一片看上去更像是陆地而非大海的区域。在这里栖息的主要是先锋物种，它们长久经历着向陆生生物进化的漫长过程，可以忍受与大海分离数小时，甚至数天。一类藤壶已占领更高处高潮线的岩石，每月，海水仅在朔望潮期间才光顾几个日夜。大海回漫时，将为它带来食物和氧气，并在繁殖季把幼体带去地表水的育婴室。在这短短几天里，藤壶能进行生命所需的所有过程。但当两周内最后一次高潮退去，它又被遗落在陌生的陆地世界。这时，它唯一的防御手段就是紧闭它的壳，保持身体周围还有海洋的水分。在它的一生中，短暂激烈的活动与漫长沉寂的蛰伏这两种状态交替出现。就像北极的植物必须在夏季的短短几周内，争相制作、储存食物，花朵竞相开放，种子也竞相发芽，这种藤壶也彻底地调整了生存方式，来适应栖息地的恶劣条件。

少数海洋动物还冲进甚至越过了大潮的高水位，来到浪溅区。浪溅区唯一的盐分湿度来自破碎的浪花。此处的先驱物种有玉黍螺属的海螺，其中一种来自西印度群岛的海螺可以忍受数月与大海的分离。另一种是栖息于岩石的欧洲玉黍螺，等着大潮将它的幼卵抛向大海。除了至关重要的繁衍，欧洲玉黍螺可以完全独立于海水生活。

小潮低水位下有一片区域，只有当潮水一波一波地落得越来越低，落到大潮的最低水位时，才会露出海面。在所有潮间带里，属这里与海洋联系最密切。这里的居民多是近海生物，能在这里生存只是因为可以少量短暂地与空气接触。

潮汐与生命区的关系十分清晰，但动物们以许多较为隐晦的方式来调节自身活动，适应潮汐节律。有的似乎是利用海水的机械运动。比如，牡蛎的幼体利用潮水的流动，将其带往便于附着的区域。发育完全的牡蛎生活在海湾、海峡或入海口，而不是盐分充足的海域，这样有利于把幼体散播到远离开阔海域的地方。幼体刚孵化出来时，只能随波逐流，潮汐流一会儿将它们带向大海，一会儿又送往入海口或海湾。在许多入海口，潮退比潮涨持续得更久，因此下一次潮涨时，海水的冲力和水量将会更大，由此带来的向海流，会在幼体阶段的整整两周，将幼小的牡蛎带向大海数英里。然而，随着幼体慢慢长大，它们的生活习性急剧变化。它们在退潮时落回海底，避开向海流；但在下一次潮涨时，逆流而上，被潮水带到盐度较低的地区，这样有利于它们发育完全后的生活。

别的物种则会调整产卵节奏，以避免幼体被带到不适宜生存的危险海域。生活在潮汐带或附近的一种分泌管状物的蠕虫，生存法则是避免朔望潮时海水的剧烈运动。它在每两周的小潮中，趁着海水运动相对缓慢，将幼体放入大海；幼体会经历一个非常短暂的游泳阶段，因此很有可能会留在最适宜生存的海岸地带。

还有其他类型的潮汐效应，但难以理解，也难以确定。有时产卵与潮汐同步，一定程度上表明生物对压力变化，或对海水静止与流动间差异的反应。在百慕大，一种被称为石鳖的原始软体动物在清早低潮来临时产卵。日出之后，海水逆流，一旦漫过石鳖，它便把卵散开。一种日本沙蚕只在十月、十一月的新月和满月——一年中潮汐最猛烈时产卵，可能是由于某种难以说明的方式，它被大幅度的海水运动刺激了。

　　还有一些动物，与其他所有海洋生物都完全不相关，产卵按照绝对固定的节奏，诸如满月、新月或弦月。但是，目前还不清楚这究竟是潮汐压力变化还是月亮光线变化导致的。比如，托尔图加斯（Tortugas）群岛的一种海胆在满月之夜产卵，并且这似乎是它唯一的产卵时间。无论是被什么刺激，这个物种的每一只个体都会做出反应，确保在当下释放出大量生殖细胞。生活在英格兰海岸的一种外形酷似植物的水螅，会在下弦月时产下小水母或小海蜇。在马萨诸塞州海岸的伍兹霍尔（Woods Hole），一种外形似蛤蜊的软体动物会在满月和新月之间大量产卵，但会避开上弦月。在那不勒斯，一种沙蚕会在弦月时集体交配，但从不在新月或满月时如此；但在伍兹霍尔有一种同族蠕虫，尽管处于相同的月相或潮汐条件，却没有表现出这种相关性。

　　以上这些例子都无法确定动物是对潮汐做出反应，还是和潮汐一样，受的是月亮的影响。然而，植物的情况就不同了。我们在世界各地用科学证实了全世界都流传的一个古老观点：植被受月光影响。各种证据表明，硅藻和其他浮游植物的迅速繁殖，都与月相有密切关系。河流浮游植物中的部分藻类在满月时的繁殖数量达到顶峰。在北卡罗来纳州海岸，有一种棕色海藻仅在满月时才会释放生殖细胞；而据报道，在日本和世界其他地区，其他种类的海藻也有类似行为。这些反应通常被解释为不同强度的偏振光对原生质的影响。

还有观察表明，植物与动物的繁殖生长之间存在某种联系。迅速发育成熟的鲱鱼聚集在浮游植物集中的海域边缘，虽然发育完全后，鲱鱼可能会见着浮游植物便绕道而行。

各类海洋生物的产卵成体、卵、幼体都被报道称，更常出现在浮游植物密集的海域。一位日本科学家通过一系列实验发现，可以用海莴苣的提取物来诱导牡蛎产卵。同样，这种海藻会产生一种影响硅藻生长繁殖的物质，而在附近大量生长岩藻的水域中提取的物质，也会让这种海藻受到刺激。

近来，关于海水中"外代谢物"（新陈代谢的外分泌物）的话题讨论已是科学前沿的一大热点，但其实，有用的信息支离破碎又难以获得。然而，其中一些几个世纪以来一直困扰着人们的难题，我们可能很快就能解决。虽然这个话题处于推动知识进步的模糊边缘，但几乎所有过去被认为理所当然的事情，以及被认为难以解决的问题，在这些物质的发现下都值得人们重新思考。

大海里存在着难以理解的来往关系，无论是时间还是空间的：物种迁徙、更迭交替，同一片海域里，一个物种一时风头无两、繁荣兴旺，然后消失殆尽，取而代之的是下一个物种、再下一个物种，仿佛是你方唱罢我登场。还有其他未解之谜。

"赤潮"是一种由于某种微小生物（通常是双鞭毛藻）的暴发性繁殖而导致水体变色的现象，会导致鱼类和一些无脊椎动物的大规模死亡，从而引发海洋灾害。这种现象早已为人所知，反复出现，并直到现在仍然存在。还有鱼类进入或离开某些水域，不寻常且难以预测的活动通常会导致严重的经济后果。当所谓的"大西洋的海水"淹没英国的南部海岸时，美国普利茅斯渔场的鲱鱼大量聚集，某种独有的浮游动物大量出现，某些无脊椎动物在潮间带繁荣兴旺。然而，当水体被英吉利海峡的海水所取代，登场的角色发生了许多变化。

发现海水及其涵盖的一切所扮演的生物学角色之后，我们可能很快就会碰触到古老谜题的答案。因为有一点很清楚：大海里没有一种生物可以独自生存。海水本身也被生物改变了，它的化学性质，它对生命过程的影响能力，方方面面……生物生活在海水里，向大海释放新的物质，会使其产生深远影响。所以，现在连接着过去，也连接着未来，每一个生命都与周围的一切紧密相连。

# 第三章　基岩海岸

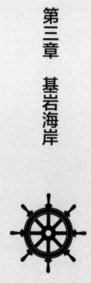

潮头在基岩海岸上高高涌起，澎湃的浪潮几乎悄然浸没了岸上的杨梅和杜松。这幅景象很容易让人们以为，在海的边缘，无论是水上、水中，还是水下，皆是一片荒凉，全无生命的迹象——除了零星几只银鸥。潮涨时，它们栖息在岩石上，以免被海潮和浪花打湿羽毛。它们将黄色的喙掩在羽毛下，在瞌睡中打发掉这潮水上涨的几个小时。潮涨时，海岸上的生物全都隐蔽不见，但银鸥知道它们在哪里。银鸥还知道，再耐心等等，等到潮水再次退去，这些生物将会再次来到潮间带。

潮涨时，海岸是动荡之地，奔涌的浪潮一跃翻过嶙峋的岩石，花边式的泡沫像瀑布般落下，倾泻在陆地一侧的巨石之上。但当潮水开始退去，潮汐不再推波助澜，海岸又恢复了平静。潮涨潮落的转变，并无特别的戏剧场面，但灰色岩石的斜壁上随即出现了一片淹湿区，还有近岸海浪涌入，在隐蔽的暗礁上方，涡旋破碎。很快，海水上涨淹没了岩石，又很快退去，只留下浸润的岩石在这天地之间闪闪发光。

岩石上生长着微小的绿色植物，滑溜溜的。脏兮兮的小海螺在岩石表面移动迟缓，东拼拼、西凑凑，赶在浪潮回复前搜寻食物。

映入眼帘的，还有藤壶，像被踩脏的旧雪。它们覆盖在岩石以及岩隙间的旧桅杆上，尖锥散落在空的贻贝壳和龙虾笼的浮标上，还有深海海藻坚硬的叶柄上。而以上种种，全都混卷在潮汐的残骸之中。

不知不觉间，潮水渐渐退去，平缓倾斜的海岸岩石上展开了一片棕色的岩藻甸，还有一小片绿海藻。绿色的海藻宛如美人鱼的秀发般浓密纤长，在太阳的照晒下慢慢发白起皱。

此时，不久前飞向更高处岩架的银鸥，开始沿着岩壁踱步，神色严肃。它们正在悬垂的海藻帘下侦察，揪出藏匿的螃蟹和海胆。

潮水退去，低处留下一个个小小的水池和水槽，海水在微型瀑布中涓涓流淌、汩汩而下。岩隙之间、巨石底下的漆黑洞穴里，海水漫覆，静止成一面面静止的镜子，映照着纤弱的生灵。它们小心翼翼地避开阳光的直晒和海浪的冲击。洞穴的岩顶上，垂下了小海葵奶白色的花朵和软珊瑚粉红色的软指。

更深处的岩池，现下不再受汹涌浪潮的打扰，是更为静谧的所在。螃蟹沿着岩壁侧行，小爪子一刻不停地在摸寻探查一星半点食物。岩池是缤纷绚丽的花园，这里是小巧玲珑的绿色、赭黄色的结壳海绵，那里是一簇簇如春花般娇艳的淡粉色水螅，还有闪耀着青铜色、铁蓝色光芒的爱尔兰珍珠草，以及美如古典玫瑰的珊瑚藻。

空气中弥漫着退潮的气味，虽不浓重，但挥之不去。那气味混杂着蠕虫、海螺、水母和螃蟹的腥味，还有海绵的硫黄味、岩藻的碘味，以及岩石上被太阳晒得闪闪发光的结晶盐的咸味。

我总爱沿着一条小路去往怪石嶙峋的海岸。小路崎岖不平，穿过一片独具魅力的常绿森林，走在路上别有一番乐趣。通常，是清晨的潮汐将我唤来这条林间小径，此时天光还没大亮，从远处海面上飘来水汽，路上雾蒙蒙的。这几乎是一片鬼林，活着的云杉和香脂杉间，东横西倒着许多已然枯死的树——有的还挺立着，有的向下弯垂，有的倒在地面。所有树木，无论活着还是死去，都被包裹着一层银绿色的地衣。胡须地衣外形酷似银白色的长胡子，也被称为"老人胡须"。一簇簇胡须地衣从树枝上悬垂，就像一片片海雾在那里萦绕。绿色的林地苔藓和丰茂的驯鹿苔藓，就像柔软的地毯覆盖着大地。林间幽静，连海浪的咆哮都变为了耳语的低吟，偶然发出的丁点声响，都像是幽灵的恶作剧——流动的空气中，不时传来常绿针叶的些微叹息；歪倒的树木靠着邻木，树皮间相互摩擦，发出吱吱呀呀、沉重的呻吟；有只松鼠从树梢上跳过，踩断了一节枯枝，枯枝掉落到地面，又弹开几下，咯咯作响。

林深雾绕处半隐着小路，沿着小路继续前行，森林的声音渐渐被海浪压过——大海发出沉闷回荡的轰鸣，一声一声，萦绕不断，海浪撞击着岩石，回撤，又再次袭击。

沿着海岸线来回踱步，在以海浪、天空和岩石为背景的画布里，森林的轮廓变得明朗清晰。柔和的海雾模糊了岩石的棱角，灰色的海水与灰色的薄雾在海面连为一片，交织成一个水雾缭绕的朦胧世界——一个创造的世界，孕育着蓬勃的新生命。

并非这初晨的阳光与薄雾如梦如幻，让我错觉新的生机，其实，这片海岸十分年轻。陆地下沉，海水上涌，海水淹没了山谷，又顺着山坡缓缓攀升，岩石露出海面，常青的树木在岩石上扎根，形成如今崎岖的海岸。而这一切，对于已走过亿万年岁月的地球而言，不过发生在昨天。曾几何时，这片海岸就像南方古老的陆地，几百万年来，自经海浪搬运、风吹雨淋，沙子堆积成沙滩，又形成沙丘、海滩、离岸沙洲和浅滩，几无变化。同样，北方的海岸也有平坦的滨海平原，四周是宽阔的沙滩环绕。平原后面，是岩丘与山谷错落交替，溪流将山谷冲蚀洗刷，冰川将山谷刀削斧凿。片麻岩和其他耐侵蚀的结晶岩形成了岩丘，质地软的砂岩、页岩和泥灰岩的岩层，则形成低地。

然后，沧海桑田，世事变迁，在长岛附近，柔软的地壳不堪巨型冰川的重负，向下倾斜。如今的美国缅因州东部和加拿大新斯科舍省被压入地下，部分地区甚至被搬运到海底 1200 英尺深处。整个北部滨海平原曾是汪洋一片，其中地势较高的现在成了离岸浅滩，成了美国新英格兰和加拿大海岸的渔场，比如乔治（Georges）、布朗斯（Browns）、克罗（Quereau）和大浅滩（the Grand Bank）。偶尔，一座小山高高地蹿出水面，就像如今的孟希根岛（Island of Monhegan），它在古时候必定是一座矗立在滨海平原上、傲然独立的残留山丘。但其余的都浸没在海水之下。

山脊、山谷与海岸形成夹角之处，波涛在群山之间奔涌而上，淹没了山谷，于是缅因州大部分地区形成如今犬牙交错、高低不平的海岸地貌特色。肯尼贝克河（Kennebec）、希普斯科特河（Sheepscot）、达马里斯科塔河（Damariscotta）以及其他多条河流的入海口又窄又长，伸入内陆 20 英里。这些咸水河是由海水淹没山谷而成，在地质史的昨日，这里也曾草长树生，但如今统统纳入海湾。那时，山脊上岩石与森林密布，或许与今日的样貌相差不远。但如今的近海，一串岛屿斜插入海，接连不断——那是被海水淹没的山脊。

在与巨石山脊平行之处，海岸线更平整，少有凹凸。前几个世纪的雨水堪堪只能在花岗岩山丘的两侧切割出低矮的山谷，因此当海平面上升，此处形成的海湾纵深短、开口宽，而非九曲十八弯。这类海岸通常出现在加拿大新斯科舍省南部和美国马萨诸塞州的鳕鱼角（Cape Ann），那里的岩石抗蚀能力强，岩石带沿着海岸向东弯曲。有着这类海岸的岛屿，通常与海岸线平行，而不是大胆地扎入大海。

作为一个地质事件，覆海移山发生得如迅雷烈风，且突如其来，来不及对地貌慢慢精雕细琢；而且，这一切发生得其实并不久远，陆地与海洋如今的分布格局，形成也不过一万年。对于地球而言，千年不过朝夕须臾，在如此短的时间内，面对坚实的岩石，海浪几乎无法占据上风，冰盖也只能刮净松软的石块和古老的土壤。所以，岩石上留下的刻痕，几乎微不可察，但迟早，悬崖将被竖直切开。

通常，海岸的曲折是山的崎岖。这里没有海浪切割而成的堆栈和拱门来帮助区分哪处海岸更为古老，或海岸上的岩石更松软。偶有几处例外，可以瞥见海浪凶猛的威力。芒特迪瑟特岛（Mount Desert Island）南岸受海啸肆虐，海浪将阿内蒙洞（Anemone Cave）劈开，长驱直入雷声洞（Thunder Hole）。潮涨时，海浪咆哮涌进洞中，撞击洞顶，雷鸣轰隆。

土体作用在岩石上的力，将岩体沿着断层线切割成悬崖，高峻陡峭的悬崖脚下，大海日夜冲洗。芒特迪瑟特岛上的悬崖，比如纵帆船海角（Schooner Head）、大海角（Great Head）和水獭海角（Otter Head），屹立于海面 100 多英尺之上。若是不了解这里的地质史，可能会误以为这壮观的构筑是海浪切割的功劳。

在布雷顿角岛（Cape Breton Island）和加拿大新不伦瑞克省（New Brunswick），海岸又是另一番风情。在这里，随处可见海洋进一步侵蚀陆地的印刻。海浪不断袭击海岸，对石炭纪 [①] 时期形成的软弱岩石低地造成持续磨损。海岸面对海浪强大的侵蚀力毫无回击之策，松软的砂岩和砾岩每年正以五六英寸 [②] 的速度流失，部分地区的流失速度甚至达到好几英尺。浪蚀岩柱、海蚀洞、岩石裂缝和海蚀拱，共同构成这片海岸的独特风貌。

在新英格兰的北部，海岸多岩石，还有满布沙子、鹅卵石与圆石的小海滩。形成这些海滩的缘由各不相同。有的是因为陆地倾斜、海水漫涌，覆盖在岩石表面的冰川碎片将其塑造。大小卵石通常是从离岸更深的水域，被海藻的假根牢牢握

---

① 石炭纪处于地质年代 36000 万至 28600 万年前。——译者注
② 1 英寸约为 2.54 厘米。——译者注

住，卷裹而来。随后，暴浪将海藻与石子冲散，再一个浪头把它们抛诸岸上。但即便没有海藻裹挟，海浪也会卷来大量细沙、石砾、碎贝壳，甚至大卵石。这些零星散落的沙滩或鹅卵石海滩，几乎总是偎依在向内陆凹陷的海岸，或是峡谷的死角，免受涛浪过度的侵扰。海浪可以在此处将沙石沉积，但难以将其清除。

在云杉和海浪之间，基岩海岸呈锯齿状。晨雾朦胧了灯塔、渔船——所有人工造物，也同样模糊了时间，让人恍惚以为海水上涌，画下这条独特的海岸线，不过依稀在昨天。但栖身于潮间带岩石上的生灵已来得及在此处安顿，将本可能生活在与旧海岸接壤的泥沙滩涂上的动物群取而代之。冲刷着新英格兰北部海岸的同一片海洋，将滨海平原淹没，在岩石坚硬的高地落脚歇息，留下了幼体，那是往后生活在岩石上的居民。茫茫大海上，幼体漫无目的地随波逐流，茫然地在行进的路上寻找着任何适合定居繁殖的陆地，如果不幸失败，大海将是它们的坟墓。

尽管无人记录下谁是第一批开拓者，也无人曾追踪生命形态的先后演替，但我们可以大胆设想定居岩石的拓荒者，以及随后接踵而至的各种生命形态。海洋侵入陆地，必然携来大量海岸动物的幼体，但只有成功获得食物，幼体才能在新海岸存活。潮水一层一层地冲刷着海岸的岩石，溅起浪花朵朵，带来浮游生物，这是幼体最早可得的唯一食物。

藤壶和贻贝是海洋的"超级过滤器"，以浮游生物为食，只需要一小块坚实稳固的地方，就能附着稳当。想必，最早的定居者也是这样。藤壶的白色椎体和贻贝的黑色外壳四周，很可能落满藻类孢子，于是高处的岩石上铺开一层活力旺盛的绿膜。然后便引来了食草动物——一小群海螺用锋利的齿舌费力地刮着岩石，将覆盖在岩石上微不可见的植物细胞一点一点刨下来。得先有浮游生物过滤器和食草动物在此处安营扎寨，食肉动物才能在这里定居生存，所以食肉的疣荔枝螺、海星，以及许多螃蟹和蠕虫，一定是较晚年头才出现在基岩海岸。但现在，它们都齐聚这里，在潮汐形成的水平地带努力生活，或为避开激浪、寻觅食物、躲过天敌，栖身于小小的岩石孔洞抱团生存。

从林间小径穿出，铺开在我面前的生命模式，便是裸露海岸的一大特征。从云杉林的边缘往下至黑色的海藻林，陆地生灵逐渐过渡到海洋生灵，其间的转变或许并不突然，因为有着千丝万缕的紧密交织，陆地与海洋早已是你中有我，我中有你。

地衣生活在陆地上的森林，它们不言不语、勤勤恳恳，将岩石分解剥落，数百万年来终始如一。有的离开了森林，越过裸露的岩石向着潮线挺进；有的行至更远处，周期性地经受海水浸没，于是在潮间带的岩石上施展神妙奇迹。雾蒙蒙的清晨，空气也湿漉漉的，向海岩坡上的石耳像一片轻薄柔韧的绿色皮革。但到了晌午，日光将它晒得又黑又脆，远远望着，像是岩石在褪去一层层薄薄的外衣。在像墙一样矗立的岩石上，地衣受着咸湿浪花的滋养，欣欣向荣，给峭壁染上一片鲜红的橙色，甚而每月潮涨最汹涌时，地衣还会顺势造访一下巨石向着陆地的一侧。有的地衣，鳞叶是鼠尾草绿，卷裹扭曲成奇异的形状，从低处的岩石向上攀爬。岩石从下表面开始，长出黑色的纤毛，那是地衣分泌出酸性物质，侵蚀岩石表面的微小颗粒，将岩石逐步分解。慢慢地，纤毛吸收水分，渐渐膨胀，微小的岩石颗粒被一点点溶解，在裸岩上形成一层薄薄的土壤。

根据矿物性质判断，林边海岸的岩石应是白色、灰色或浅黄，干燥，且属于陆地。除了被少数昆虫或其他陆地生物征用为通往大海的步道外，岩石多半贫瘠。但明明就在海洋区域的上方，岩石呈现出奇怪的褪色，出现极为明显的黑色条痕、斑块或带纹。黑色区域内丝毫不见生命的迹象，所以这通常会被认为是黑色污渍，或至多以为是岩石表面变得像毛毡般粗糙。其实，这是一群微小植物在密集生长。其中可能会有小小的地衣，也可能有一两种绿藻，但数量最多的还是地球上最基本、最古老的植物——蓝绿藻。有的蓝绿藻穿着一层黏糊糊的胶质衣，所以可以保持身体湿润，不用害怕长时间暴露在阳光和空气中。但这一切都是那么微小，和单株植物一样微不可见。蓝绿藻身着凝胶状的外衣，加之整片区域都有碎浪拍岸，让这个通往海洋世界的入口，像最为平整洁净的冰面那样莹洁光滑。

黑色区域看似单调乏味、毫无生气，但其实，它深藏若虚、难以捉摸，让人心驰神往、目眩神迷。只要岩石与大海相接，微小植物就会写下黑色铭文，虽然铭文与潮汐、海洋有着普遍关联，但人们只能参透其中部分信息。尽管潮间带的其他元素时来时往，但这黑色印渍无所不在。岩藻、藤壶、海螺、贻贝会因为生存世界的改变在潮间带进进出出，但微小植物镌刻的黑色铭文从未被剥落。此时，它们出现在缅因州的海岸，让我想起它们如何将佛罗里达州基拉戈岛（Key Largo）的珊瑚边沿染黑，如何在圣奥古斯丁海岸给光滑的贝壳灰岩岩台刻纹，又是如何在博福特的混凝土码头上留痕。从南非到挪威，从阿留申群岛到澳大利亚，全世界都可以找到它们的墨宝。这是陆地与海洋相遇的印记。

我曾经在黑色薄膜之下，寻找第一个踏上陆地的海洋生物。在巍峨巨岩的岩隙裂缝中，我找到了，那是玉黍螺家族最小的成员，被称为岩石玉黍螺或粗纹玉黍螺。一些玉黍螺宝宝小如涓埃，我得拿着放大镜才能将它们看清。数百只玉黍螺挤在岩缝浅坑，大小不一，发育成熟的足足有半英寸大。如果是一般习性的海洋生物，我会假设这些小海螺是出生于某个遥远的聚居地，在幼体阶段顺着海水漂流，来到此地。但粗纹玉黍螺从不把幼螺送往大海；恰恰相反，这是一种卵胎生物种，每个卵都被包裹在囊内，在母体内孵育长大。囊中物质供给小螺营养，直到它最终破开卵荚，与母体分离。小螺出生就已长出硬壳，小得就像一粒被磨碎的咖啡粉。它是这么的小，这么容易被水流冲入海中，因此毫无疑问，它会习惯躲藏在岩隙和空藤壶壳中。在这些地方，我经常能发现一大群玉黍螺。

可是，在粗纹玉黍螺的聚居地，大海只有在大潮时才每隔一两周造访一次。在风平浪静的漫长间隙里，碎浪的飞沫是它们与海水最亲密的接触。岩石被浪花浇得湿透，但玉黍螺可以长时间外出，在岩石上寻找食物，它们通常会在黑色区域有个好收获。在岩石上形成滑溜溜薄膜的微小植物，就是它们的食物。和海螺家族的全体成员一样，玉黍螺也是素食动物。它们的齿舌上布满许多排锋利的钙质牙齿，用这个特别的器官来刮下岩石上的食物。齿舌像一长条皮带或丝带，位于咽底。如果展开，齿舌的长度将是玉黍螺身体的数倍，但它像手表发条一样紧紧卷绕。齿舌由几丁质构成，这也是构成昆虫翅膀和龙虾外壳的物质。粗纹玉黍螺的牙齿密布数百排，而厚壳玉黍螺的牙齿总数大约也有 3500 颗。牙齿在刮刨岩石时会产生一定磨损，但当现下使用的牙齿被磨坏，还有源源不断的新牙可以卷到前面来替换。

同样的，岩石上也会出现磨损。数百十年来，大量的玉黍螺在岩石上觅食，一粒一粒地切割岩石表面，给岩石造成明显侵蚀，日益加深岩池。加利福尼亚州的一位生物学家曾连续16 年观察岩池，他发现，玉黍螺让岩石底部下降了大约八分之三英寸。雨水、霜冻和洪水是地球上最凶猛的侵蚀力量，对岩石的消磨也不过如此。

像牧场里的牛群一样，玉黍螺在潮间带的岩石上，吃着它的"牧草"，静待潮水归返，同时蓄势待发，等待着完成进化的当前阶段，也等待着继续向陆地挺进的时刻。

陆地所有的螺类都有来自海洋的先祖，在历史的某个时刻，它们的先祖从海洋登上了海岸。玉黍螺现正处于进化的中间阶段。在英格兰海岸发现的这三个物种的结构习性，清晰展示了海洋生物转变为陆地居客的不同进化阶段。北黄玉黍螺仍然受大海所困，只能忍受短暂地暴露于空气之中。退潮时，它仍然躲在潮湿的海藻丛里，不肯挪动。涨潮时被海水短暂淹没的地方，就是厚壳玉黍螺的家。厚壳玉黍螺仍需在海中产卵，因此还没有准备好在陆地生活。但是，粗纹玉黍螺已经挣脱了大海的多重束缚，现在几乎就是一种陆地动物。粗纹玉黍螺以母体胎生，不必再依赖海洋繁殖。它还能在大潮期间，水位达到最高处时继续茁壮成长，因为与在低水位区生活的其他玉黍螺不同，粗纹玉黍螺有一个鳃腔，血管供给充足，几乎可以像肺一样从空气中吸取氧气。其实，对于粗纹玉黍螺而言，经常被海水淹没是灭顶之灾，在进化的当前阶段，它可以承受暴露在干燥空气中长达 31 天。

一位法国实验者发现，潮汐的节拍深深印刻在粗纹玉黍螺的行为模式上，因此即便脱离了潮水的交替起伏，身体也已产生"记忆"。每两周，大潮拜访一次海岸，粗纹玉黍螺在这期间最为活跃；而在退潮期，它变得愈发呆滞迟缓，身体组织将经受一定程度的干燥。直到下一次大潮回归，终此循环往复。在被带入实验室观察的数月里，粗纹玉黍螺的行为也与潮水涨落的节律相契合。

在这裸露的新英格兰海岸，满潮区内最引人注目的动物还属岩石藤壶或橡子藤壶，因为它们几乎能在最汹涌的涛浪中生存。波浪的侵袭导致此处岩藻发育不良，无力与藤壶竞争，因此它们占据着上海岸，和贻贝抢夺地盘。

退潮时，被藤壶覆盖的岩石活脱脱是一个矿物景观，像被雕刻成数百万个尖尖小小的锥，丝毫没有生命活动的痕迹。和其他软体动物一样，藤壶的壳就像石头，由壳内动物分泌的钙质构成。每个锥壳有六个排列整齐的圆盘，圈成一个环。由四个圆盘组成的掩门会在潮退时关闭，以保持藤壶湿润，或在藤壶进食时打开。涨潮的第一波涟漪让石化的田野焕发生机。这时，如果站在齐脚踝深的水里仔细观察，就会看见水下的岩石上，微小的投影摇曳闪烁。每个锥体上都有一团羽毛般轻盈飘浮的物质，被有节律地推拉进出中心门的门缝，那是重回大海的藤壶在定期清扫硅藻和其他微生物。

每只壳内都住着一只小生灵，粉嫩嫩的，像一只小虾。它的头朝下，躺卧在壳里，牢牢地黏在壳室底部，动弹不得，只有附肢伸了出来，裸露在外——共有六对分节附肢，呈枝条状，像纤长的藤蔓，蔓上还长有纤细的刷毛。附肢齐齐舒展，形成一张高效的捕网。

藤壶属节肢动物门甲壳纲，这个门类包罗万象，龙虾、螃蟹、沙跳虾、盐水虾、水蚤都与藤壶有着亲缘。但与其他小伙伴不同的是，它不爱迁徙，固定不动。藤壶何时且如何采用了这样的生活方式，一直是动物学界的未解之谜，这期间经历了怎样的过渡也早已遗失在过往的迷雾之中。另一种甲壳纲动物，片脚类，也有着类似的生活方式，这样或许能猜测些不置可否的原因——它们是在"守株待兔"，等着大海喂食呢。有的藤壶会用天然丝和海藻纤维来织网或结茧，尽管它们可以自由出入，但它们还是选择总待在壳内，坐享其成，让水流为它们送来食物。还有一种太平洋沿岸的片脚类动物，会钻进被囊动物"海猪肉"的领地，在宿主坚硬半透明的身体中，为自己挖出一个腔室。然后，它们就舒舒服服地躺在腔室内，吸引海水流过身体，摄取食物。

但是，无论藤壶变成何种模样，它的幼体阶段都清楚表明了它的祖先是甲壳纲动物，即便早前有动物学家因为它长有硬壳，而把它标为软体动物。藤壶的卵在母体的甲壳内孵育，不久就会孵化出一大群乳白色的幼藤壶①。幼藤壶在岩石藤壶内可存活大约 3 个月，其间会经历数次脱皮和外形转变。起初，它属于无节幼体，是一种体形微小、善于游泳的生物，与其他甲壳纲动物的幼体没有区别。硕大的脂肪球为它供给营养，但除了将它喂饱，还能让它一直挨近水面。当脂肪球慢慢

---

① 英国动物学家希拉里·摩尔（Hilary Moore）在马恩岛（Isle of Man）对藤壶开展研究后曾估计，在距海岸半英里多的地方，每年诞生的藤壶幼体可达上十亿。

变小，幼藤壶就开始在低水位区游泳。最后，它会改变形态，长出一对硬壳、六对泳腿，以及一对末端带有吸盘的触角。腺介幼体看起来很像另一种甲壳亚门动物——介形纲的成体。最终，在本能的引导下，幼体向重力屈服，并避开光线，一口气沉入海底，准备进化为成体。

没人知道，有多少幼嫩的小藤壶在乘浪上岸时安全着陆，又有多少在寻找干净、坚固的基底时失败。幼藤壶的安顿定居，绝不随意盲目，它们要经过一番深思熟虑才会付诸行动。有生物学家在实验室内观察到，幼藤壶会以黏着力很强的触角牵引自己，在基底上"走动"整整一个小时，不断测试、挑选可供选择的落脚处，直到最终找到理想的据点。它们可能会随着海流漂荡许多日子，然后来到海岸，对洼地仔细检查一番，又回到海上，漂流到下一个目的地。

那么，幼藤壶对基底有哪些要求呢？或许它会觉得，表面粗糙有凹坑的岩石比光滑平整的更好；或许，它讨厌微小植物黏滑的薄膜，甚至是水螅和大型藻类的存在。有理由相信，幼藤壶可能会被引往现有的藤壶聚居地，它可能会被某种神秘的化学反应感召，察觉到成体释放的物质，并跟从物质传播的路径找到聚居地。然而不知何故，年幼的藤壶会出乎意料地选择在自己选定的落脚点定居，并且决定一旦做出，将不可撤回。它的组织将经历彻底而剧烈的重组，过程堪比蝴蝶幼虫的变态。然后，从一团几乎看不出形态的肉块中，贝壳的雏形出现，头部和附肢成形，十二小时内，锥壳的完整形态以及上面的圆盘轮廓全都清晰呈现。

生长在石灰质的杯状介壳中，藤壶面临两大难题。作为被包裹在几丁质壳中的甲壳纲动物，藤壶必须定期脱落坚硬的皮肤，才能给足身体空间来长大。尽管这看似困难，但每年夏天，我都会被反复提醒，它们又一次出色地完成了这项成就。当我从岸上带回盛放海水的器皿，我发现几乎每一个上面都黏着白色半透明的物体，细若游丝，仿佛某个小精灵丢弃的外衣。显微镜下，结构的每一处细节都被完美呈现。显然，藤壶成功褪去了旧衣，如此整洁，如此彻底，令人难以置信。在玻璃纸一样的脱落表皮中，我可以数出附肢的关节数量；即使是生长在关节根部的刷毛，似乎也完整无缺地从外皮蜕出。

除此之外，藤壶还要扩充硬锥，才能适应不断长大的身体。现在还无法确定它究竟是如何做到的，但或许是用化学分泌物分解硬壳的内层，同时在外层添加新的材料。

除非生命被天敌过早终结，岩石藤壶可以在中低潮间带存活三年左右，在高潮间带则可达五年。由于岩石可以吸收酷夏烈阳的高热，藤壶经受得住高温。寒冬本身并不会对它造成伤害，但磨光的坚冰可能会把岩石刮个干净。对于藤壶而言，惊涛拍岸不过家常便饭，大海对它没有威胁。

当藤壶遭受鱼类、掠食性蠕虫或螺类攻击，生命走到尽头，或者自然死亡，它的壳会继续附着在岩石上，成为海岸上诸多微小生物的收容所。玉黍螺的幼体会定期在此生活；潮池内的小昆虫，若是受潮涨所困，也会慌忙躲进这里避难。在海岸低处，或是潮池内，藤壶的空壳就成了海葵幼体、管虫，甚至新的藤壶小生命的栖息地。

藤壶在海岸的头号敌人，是一种色泽鲜艳的食肉性海螺——疣荔枝螺。虽然疣荔枝螺也会捕食贻贝，甚至偶尔也捕食玉黍螺，但它似乎还是更好藤壶这口，这或许是因为藤壶更易吞食。和其他海螺一样，疣荔枝螺也长有齿舌。但不像玉黍螺，疣荔枝螺的齿舌不是用来刮刨岩石，而是在猎物的硬壳上钻孔。然后，它就将自己挤进钻好的洞里，软嫩的甜肉让它大快朵颐。但吞食藤壶则省功夫得多，只需用肉足将锥壳一缠，壳上的小口就会被迫打开。疣荔枝螺还会分泌一种麻痹性物质——红紫素。在古代，地中海的一种螺类就被用来提取骨螺紫的染料。该颜料是溴的有机化合物，会在空气中发生反应，形成紫色着色剂。

虽然汹涌涛浪将它们驱逐在外，但在开阔海岸上，疣荔枝螺成群结队，逐步爬上藤壶和贻贝所在的区域。它们大肆狼吞虎咽，竟然改变了海岸的生命平衡。曾经有一个地区，疣荔枝螺的进食导致藤壶数量锐减，最后是贻贝来填补了空缺的生态位。当疣荔枝螺再无藤壶可食用，它们就会转而以贻贝为食。起初，它们笨手笨脚，不知道这新食物的吃法。有的费了好几天在空壳上钻孔，但却徒劳无用；有的爬进空壳里，由内向外白白钻洞。然而慢慢地，它们掌握了新食物的食用技巧，就继续大快朵颐，将贻贝的数量和领地一缩再缩，于是藤壶又在岩石上安了新家，疣荔枝螺就又能吃上可口的藤壶了。

在海岸的中段，甚至低至低潮线处，疣荔枝螺就生活在从岩壁垂落、滴答着水的海草帘下，或者爱尔兰藻铺就的草地上，又或是掌状红皮藻平坦光滑的叶丛中。它们紧贴在悬岩下侧，或聚集于深坑裂缝。岩缝中，咸湿的海水从海藻和贻贝上滴落，在缝底汇成涓涓细流。疣荔枝螺在这些地方聚集配对，在淡黄色的卵囊内产卵。每个卵囊的大小形状就像一粒麦子，但又坚硬如羊皮纸。每个卵囊都是单独的存在，各自附着在基底上，但它们又通常紧紧相依，构成了马赛克一类的图案。

海螺每产下一个卵囊，大约只需要一个小时，但它一天之内很少会产出超过 10 个。一个繁殖季里，海螺产下的卵囊可以多达 245 个。虽然每个卵囊里都有数千个卵，但其中大多数都是未受精的保育卵，为正常发育的胚胎消化利用。成熟后，卵囊就变为紫色，那是被成虫分泌的同一化学物质红紫素给染红的。约需 4 个月，胚胎便发育完成，卵囊内会出现 15 至 20 只幼小的疣荔枝螺。新孵育完成的幼体很少会出现在成体生活的区域，虽然卵囊是在那里堆放、发育的。显然，是海浪将幼体带到了低潮位或水位更低的区域。有的被冲进了海里，再无踪影，但幸存者会出现在低水位区。它们非常微小，高只有约十六分之一英寸，以螺旋虫为食。很明显，管虫螺旋状的管子，比体型极小的藤壶的锥体更容易钻孔。直到长到约四分之一或八分之三英寸高，疣荔枝螺才会迁徙到海岸更高处，转以藤壶为食。

海岸中段靠下，帽贝数不胜数。它们星星点点地撒满了开阔的岩石表面，但绝大多数还是生活在浅潮池中。帽贝头戴一顶朴实的锥壳，只有指甲盖大小，缀有浅棕、灰色与蓝色的花斑，但不显张扬。它是螺类中最古老、原始的一种，但原始与质朴往往具有欺骗性。帽贝完美精确地适应着海岸世界的艰苦环境。海螺的壳通常被认为当是螺旋状，但帽贝的壳却是扁平的圆锥。玉黍螺就有着螺旋状的外壳，但若不躲在岩缝里，或藏在海藻下，就无法安然度过海浪的冲击，只能被惊涛拍得乱滚。但帽贝仅把圆锥往岩石上紧紧一压，就能让水流沿着倾斜的轮廓滑过，而不将它捉住；浪涛拍得越重，它在岩石上就被压得越紧。海螺大多都长有壳盖来抵御敌人和锁住水分；帽贝在幼体期也有一个，但往后就将其丢弃了。因为它的外壳与基底完美贴合，壳盖已是不必再有。水分被牢牢锁在壳内的一个小槽里，它的鳃就在体内的小海洋里自由呼吸，直到潮水回返。

亚里士多德曾记载道：帽贝离开岩石上的落脚处，外出觅食。自此之后，人们一直有记录关于帽贝的博物史志，认为帽贝拥有某种归家感，并对此广泛讨论。据说，每个帽贝都有一个家，或者总会回去的地方。在某些类岩石上，可能会有极易辨认的损伤痕迹，或许是褪色，或许是凹陷，这些痕迹与帽贝外壳的轮廓精准贴合。潮涨时，帽贝会离开家中，四处游荡，寻觅食物，用齿舌舔刮下岩石上的微小藻类。进食完一两个小时后，帽贝几乎原路返回，静心等待低潮期结束。

19 世纪的许多博物学家试图通过实验，来找出归家感的本质，以及产生归家感的器官，就像现代科学家试图找到鸟类归巢能力的物理基础一样，但他们没有成功。这些研究大多是针对常见的英国帽贝——笠螺。虽然暂且无法解释归家本能如何运作，但人们似乎毫不怀疑它确实奏效，而且非常精准。

近年来，美国科学家以统计学方法调查此事，有的得出结论，称太平洋沿岸的帽贝根本不会"回家"①。但是，近来在加利福尼亚州开展的研究工作又为归家理论提供了支持。W. G. 赫瓦特（W. G. Hewatt）博士给大量帽贝和它们的家都标记上识别号，发现每逢涨潮，帽贝都会纷纷离家，在外闲逛约两个半小时后，又各自返回。它们短暂出游的方向随着潮汐的变化而改变，但它们总会回家。赫瓦特博士试图在一只帽贝回家的路上锉出一条深槽。这只帽贝走到凹槽边缘，顿住，一时进退维谷。但下一次潮汐来临时，它就懂得绕过凹槽边缘，折返回家。另一只帽贝在离家约 9 英寸远的地方被带走，并且外壳边缘被打磨光滑。然后，在它被带走的同一位置，把它释放。它还是回到了家，但可能因为打磨后的壳与岩石上的家不再精准贴合，第二天，帽贝从家搬离了约 21 英寸，此后再不归来。第四天，它乔迁了新居，但 11 天之后，它消失无踪了。

帽贝与海岸其他居民的关系很简单。它全以覆着在岩石上、形成一层光滑薄膜的微小藻类为食，或以大型藻类的皮层细胞为生。无论出于何种打算，齿舌都非常有用。帽贝是这般勤勤恳恳地刮着岩石，甚至它的胃里都被发现有石子碎粒。当

---

① 新英格兰地区帽贝的归家问题，尚无详细研究。

齿舌上的牙齿在高强度的使用下被严重磨损，齿舌后部的其他牙齿便往前替代。但是，对于藻类孢子而言，它们在海里成群结队，原打算在海岸安顿下来，成为孢子苗，生长为成体植物；但帽贝所聚之处，岩石都被刮得一干二净，这样一来，帽贝就成了它的天敌。但帽贝将岩石刮得干干净净，也为藤壶行了方便，让它们的幼体更容易附着。其实，从帽贝家向外辐射的路径上，时有标志性的星形藤壶幼体壳。

帽贝看似平平无奇，但它的繁殖习性再次推翻了确切的观察。但几乎可以肯定的是，雌性帽贝不像通常的腹足类动物，不会为它的卵加上保护性的卵囊，而是将卵直接投入大海。这种繁殖习性很原始，许多结构更简单的海洋生物也遵循这种习性。目前还不确定，卵是在母体内受精，还是在海上漂浮时受精。幼体会先在地表水中漂浮游荡一段时间，存活下来便在岩石表面安顿，蜕变为成体。或者，帽贝在幼体阶段都是雄性，只是后来转变为雌性，这种情况在软体动物中也并不罕见。

就像这片海岸的其他生灵，海藻也无声地述说着惊涛巨浪。从海岬退至海湾和内湾，海藻可以长到 7 英尺高。在这片开阔海岸，7 英尺的植物已是十分高大。它们的发育停滞迟缓，并不茂密，入侵上层岩石也实属无奈，因为此处遭受海浪凶猛拍击，生存环境险峻恶劣。在中低水位区，有些勇敢顽强的海藻可以大量生存繁衍，有些海藻生活在风浪不扰的海滩上，岁月静好；但它们不同，它们几乎是涛浪席卷海岸的亲历者。四下里，向着大海倾斜的岩石闪闪发光，那是岩石上林立的一种奇特的海藻——紫菜。紫菜的拉丁属名为"Porphyra"，意为"紫色染料"。它隶属于红藻类，颜色各有差异，但在缅因州海岸，以紫褐色居多。它看上去，与从雨衣上剪下的棕色透明塑料小片没什么两样。它的叶子和海莴苣的一样薄，但有两层组织，好似橡胶气球破裂之后，外壁蔫答答地贴在一起。在紫菜茎部，有一根脐带一样交织的细绳，将它牢牢附着在岩石表面，因而它得名"脐形紫菜"。通常，它会直接在坚硬的表面上生长，偶尔也会附着在藤壶上，但很少依附其他藻类。退潮后，紫菜若经受了艳阳暴晒，可能会脱水成易碎的薄纸片，但经回潮一浇灌，它又恢复了植物的弹性。尽管它看上去不堪一击，但却能在海浪的撕扯下毫发无损。

在低潮位带，生长着一种罕见的海藻——黏膜藻，俗称"海土豆"。它大致呈球状生长，表面有缝，裂为几片，还有琥珀色的肉茎，大小不等，最大直径有一两英寸。它通常生长在苔藓或其他海藻的叶子周边，很少直接附着在岩石上。

低处岩石和低潮池的岩壁上，铺着一层厚厚的藻类。在这里，红藻大量取代了长在更高处的褐藻。除了爱尔兰藻，红皮藻也在池壁排成一行，它那纤薄、暗红的叶片皱缩卷曲，酷似手掌。小小的初生叶时而漫不经心地搭在岩石边缘，营造出一种破败的独特氛围。潮水退去，掌状红皮藻恹恹地倚着岩石，像薄纸片一样层层堆叠。许多小海星、海胆和软体动物，就生活在红皮藻丛里，或者深处的爱尔兰藻间。

长久以来，人们都在广泛应用掌状红皮藻，作为自己和家畜的食物。一本关于海藻的古书曾记载，苏格兰有句谚语："食了红皮藻，赛过神仙老；饮了圣井水，疾病不缠身。"在英国，牛群喜食掌状红皮藻，潮退时，羊群还会来到低水位带搜寻。在苏格兰、爱尔兰和冰岛，人们的吃法花样百出，还会将红皮藻晒干，像嚼烟草一样嚼着吃；即便是在并不非常热衷吃藻类的美国，也能在沿海城市买到新鲜或晒干的掌状红皮藻。

在地形极为低陷的潮池，海带开始出现，它的俗称很多，昆布、纶布、江白菜、鹅掌菜，都是它的别名。海带属于褐藻，在幽暗的深海海域和极地海域蓬勃生长。马尾藻通常和其他藻类一同生活在潮汐带以下，但在深潮池里，也会越过门阶，稍稍高出最低潮汐线。它宽大、扁平、如皮革般坚韧的叶子，被磨成长长的缎带，表面如丝绸般光滑，色泽艳丽，呈红褐色。

深潭的水冰冷刺骨，潭中满是暗黑色的植物摇曳。凝望水潭，仿佛在望着一片幽暗的森林。海带的叶片状似棕榈树叶，奇怪的是，它那粗壮的茎秆也像极了棕榈树的树干。若是用手指沿着茎秆滑走，握住固着器上方，就可以将整株海带一把拔起，将整个微观世界握在掌中。

一种海带固着器就像树木的根，枝条长出，分叉，再分叉，从它的复杂结构中，可以窥见这株植物面对汹涌波涛的生存之策。以浮游生物为食的贻贝和海鞘，通常紧附坚实稳固的基底。小海星和海胆则在植物组织架起的拱柱下抱团取暖。夜里饥肠辘辘、四下觅食的掠食性蠕虫，日出而归，在深幽的凹洼和阴暗潮湿的洞穴里，将自己缠结成一团。固着器上，海绵软垫满布，无声无息、无休无止地过滤着潭水。某一天，一只苔藓幼体来此安家，造了一个小小的壳，接着又继续造出一个又一个，直到海藻的细根周围漂浮着一层霜白的蕾丝状薄膜。在这样一个繁华热闹的群落，褐藻仿佛遗世独立，在水中顾自舒展褐色的缎带，茁壮生长，尽己所能替换破损的组织，应时将一群生殖细胞送入海流。至于栖息在固着器上的小生命，它们与海带一荣俱荣，一损俱损。海带屹立不倒，底下的小世界便安稳无事；但若是涛浪将海带连根拔起，小世界也随即崩塌瓦解，覆巢之下焉有安卵。

海蛇尾①也总栖息在潮池里海带构筑的城池堡垒中。这纤弱的棘皮动物英文名为"brittle stars"，意为"脆弱的海星"，可谓名副其实，因为哪怕是轻柔碰触，也可能让它折断一两条细腕。对于生活在动荡地带的动物而言，这或许是一种行之有效的生存策略。如果腕臂被压在移动的石板之下，它可以折断臂膀重新生长。海蛇尾的腕臂十分灵活，不仅能让它快速移动，还可以捕捉小蠕虫和其他微小的海洋生物，并将食物送往它的嘴里。

海鳞虫也居住在海带的固着器上。它的身体两侧遍布刚硬的鳞甲，在后背形成防御武器。鳞甲之下，则是寻常的节肢虫，每一节上均侧生出金色的鬃毛。它这全副武装的原始模样，让人忽然联想起毫不相关的石鳖。一些海鳞虫的邻里关系颇具谈资。一种英国海鳞虫爱与穴居动物一起生活，尽管它可能会时不时更换室友。年幼时，它与钻沙掘穴的海蛇尾一同居住，没准会偷走同伴的食物。长大以后，它就搬往海参的洞穴，或体型更大的多毛类蠕虫——巢沙蚕的管穴中。

通常，海带的固着器会夹住一只大型的偏顶蛤。偏顶蛤的壳很重，长四五英寸。偏顶蛤只生活在深潭或离岸较远处，

---

① 海蛇尾，蛇尾纲动物，外形与海星相似，腕细长。——编者注

在体型较小的紫贻贝所聚集的海岸上段，从未发现过它的存在。而且，偏顶蛤只会出现在附着相对稳当的岩石表面或岩缝之间。有时，它也会以贻贝惯用的方式，以坚韧的足丝纺线，将石子和碎贝壳串在一起，给自己搭建一个避难的巢穴。

在海带的固着器群落里，还常见一种小型蛤蜊，名为"穿孔贝"。穿孔贝长有红色的虹吸管，因而也被英国作家称为"红鼻子"。穿孔贝会在石灰岩、黏土或混凝土中钻孔凿洞，通常就生活在自个儿钻好的洞中。新英格兰的岩石大多太过坚硬，无法钻孔，因此在这片海岸上，穿孔贝就栖息于珊瑚藻的外壳中，或海带的固着器间。据说在英国海岸，连机械钻孔机也无可奈何的岩石，都能被它生生钻洞。而且，它并没有依仗一些钻孔生物惯用的化学分泌物，全靠自己坚硬的外壳反复不休地机械打磨。

海带光滑平整的叶子也为其他种群提供了支持，尽管叶子附近的种群不比固着器附近的丰富多样。在海白菜扁平的叶子上，还有岩石表面和岩架之下，金星被囊动物菊海鞘平铺伸展，熠熠生辉。暗绿色的胶状物上，洒满了金色的星星，那是一群海鞘在闪闪发光。星光熠熠的海鞘群里，每个群各有 3 至 10 只海鞘，围绕中心点辐射散开；群群簇簇，结成一张连绵不断、结实坚硬的地垫，长达 6 至 8 英寸。

在华美的外表之下，菊海鞘的结构和功能也很繁复精妙。每颗星星之上，水流都出现了细微扰动——涓涓细流涡旋而下，流往星星的每个尖端，然后从一个小孔被吸入菊海鞘的体内。同时，还有一股更大的、向外的水流从海鞘群的中心涌动。吸入的水流为它们带来饵料和氧气，排出的水流则带走了代谢废物。

乍看之下，菊海鞘的群落似乎不比一簇结壳海绵复杂。其实，每一株菊海鞘都可谓"麻雀虽小，五脏俱全"。它的结构虽与聚集在码头和海堤的孤海鞘——樽海鞘和玻璃海鞘几乎一致，但它的个头可只有十六分之一到八分之一英寸。

每个聚居地内，都汇聚了成百上千簇海鞘群，成千上万株海鞘，而它们或许全都来自同一个受精卵。在亲本群体中，卵子在初夏形成，然后受精，在母体内发育①。不久，母体就会孕育出微小的幼体，形若蝌蚪，长长的尾巴在水里游来荡去。幼体大约会在水里漂流游动一两个小时，然后寻一处暗礁或海藻安顿扎根。很快，小尾巴逐渐消失，它再也不能游泳。两天之内，心脏开始以被囊动物的奇特节律跳动——血液先是

---

① 每株菊海鞘既产下卵子又产下精子，但由于成熟时间不同，异体受精更为保险，所以其将精子投入大海，随波漂流。

涌向一个方向，短暂停顿，然后朝相反方向流动。大约两周，这个小生命就已长大成形，开始孕育新的生命，然后一代一代繁殖下去。每个新生命都有各自的入水口，但都与中央出水口相通，以便排泄废物。当共有水口附近太过聚集拥挤，新生的幼体就会被推搡去旁边的胶状软垫，重新建立一个海鞘簇。于是，海鞘的聚居地不断扩张。

栖息于深海海域的孔叶藻，有时也会侵入潮间带。这是一种分布在北极寒冷海域的典型褐藻，从格陵兰岛一直南下来到科德角。它的外形与时而混迹其中的角叉菜和马尾藻截然不同，宽阔的叶片上似有千洞百孔。那是幼株上的锥形生殖窝在长大后突起开裂而成。

还有一种海带目藻类，越过最低陷的潮池边缘，长于斜插入深海的陡峭岩壁上。它名为翅藻，别名翅海带，在爱尔兰被唤作裙带菜。它的叶子长而褶皱，呈流线型，随着浪涌潮退起伏飘扬。柄部肥大的耳状孢子叶上，孕育着孢子囊群。对于直面浪击的植物而言，将孢子藏于此处比置于叶尖上安全得多[1]。不同于其他海藻，翅藻已习惯了海浪的持续洗礼。站在海岸最远处的安全点，可以看见翅藻的黑色缎带翻涌在水中，

---

[1] 岩藻生活在海岸高处，较少受猛浪冲击，孢子便长于叶尖。

不断被拉扯、抛扔和锤击。长大后的翅藻已是破败不堪，叶子边缘裂开，中脉的尖端也已破损。它以这般委曲求全，减轻了固着器应对风浪的压力。它的叶柄可以承受激烈拉拽，但仍然禁不起猛烈风浪的撕扯。

再往深处，或许还能一睹海带森林的幽暗与神秘，一路通向深海幽寂。有时，这些巨大的海带也会被暴风雨抛上海岸。海带的叶柄坚硬结实，带状扁长的叶片从叶柄两侧延伸。阔叶巨藻，俗名"糖海带"，叶柄长 4 英尺，叶片稍窄，宽约 6~18 英寸，可以在海里向外向上伸展足足 30 英尺。叶缘呈波浪褶皱，脱水后，叶片表面会形成白色粉末，那是甘露醇的结晶。长股褐藻的长柄堪比小树的树干，足有 6~12 英尺长，叶片宽 3 英尺，长 20 英尺，但有时或短于叶柄。

高耸的阔叶巨藻和长股褐藻在大西洋底部构建了森林奇观，而在比邻的太平洋深处，也同样沉睡着一座瑰丽的海底丛林。在这里，巨藻如巨树参天，从海底向上生长，高达 150 英尺。

在这整片基岩海岸，低潮位以下的海带生长区一直是大海最鲜为人知的区域。人们对一年四季在此处生活繁衍的生物知之甚少。人们不得而知，那些冬日里消失在潮间带的生命形态，是否仅仅是搬来了这里。由于温度变化，在某些地区已然灭绝的物种，或许也只是沉入了海带森林。澎湃浪潮的不断侵袭，将探索此地的难度持续升级。但是，潜水员戴上头盔，潜入大海，与英国生物学家 J. A. 基奇（J. A. Kitching）携手并肩，不懈探索了苏格兰海岸的海带生长区。潜水员游过翅藻与马尾藻，从低潮位以下 2 英寻[①]处继续下潜，穿过茂密的巨型海藻林。伫立在垂直叶柄前仰望，硕大的树冠在头顶上张开。阳光闪耀着海面，但潜入的这片森林却是幽暗弥漫。继续下潜到大潮低水位以下 3~6 英寻处，森林忽然变得开阔，人们在巨藻间行走毫不费力。这里的光线更为充足，透过朦胧的海水，人们可以把这整片森林"公园"看得更为清晰，看这片森林如何沿着倾斜的海底伸展至更深处。在陆地森林的枝干树根之间，通常生长着茂密的灌木丛；在海带盘根错节的固着器和叶柄之间，也生长着一片红藻丛。林木下，小型啮齿动物和其他小生命筑巢挖道，而巨藻的固着器，也为丰富多样的海洋动物营建了栖息地。

在不受巨浪侵扰、面向开阔海域的海岸，风平浪静，海藻遍布。在潮汐涨落的倾压和退却间，海藻寸土必争，以其野蛮生长之势迫使岸上其他居民顺从它们的生活模式。

---

① 1 英寻约为 1.8 米。——译者注

无论海岸是开阔抑或遮蔽，潮间带都分布着类似的生命带。但在这两种海岸上，各自的生命发育差异巨大。

高潮线之上鲜有区别，在海湾和入海口的海岸一如别处，微小植物将岩石染黑，地衣从林地一路来到海岸，试探着接近大海。大潮高水位之下，拓荒的藤壶间或留下白色条痕，以示它们称霸了开阔海岸。岩石上，还有一小群玉黍螺食藻。但在遮蔽海岸，由上下弦月的潮汐划出海岸带的边界，整片海岸都被摇曳的海底森林抢占，对海浪与潮汐流的行踪很敏感。海底森林里的高大树木，其实是名为岩藻或大叶藻的巨型海藻，它们粗壮结实，坚韧有弹性。在这里，所有的生命都受到巨藻的庇护——它们乐善好施，护佑小生灵们免受干燥的空气、雨水、奔涌的潮水和海浪的侵袭，所以，这片海岸生机勃勃，富饶美丽。

潮涨时，潮水漫覆，岩藻挺立，海水为其灌注生命活力，摇曳生姿，盎然向上。若是驻足在汹涌潮水的边缘向下看，目之所及只有近岸水域上漂浮散落的漆黑碎条，那是伸向水面的岩藻叶尖。飘荡的叶尖之下，一小群鱼儿在任意遨游，穿梭于岩藻之间，宛如鸟儿掠过森林。海螺沿着叶片爬行，螃蟹也顺着摇曳的海带攀爬，从一根分枝爬向另一根分枝。这是一座梦幻般的森林，若非亲眼所见，其虚幻荒诞堪比刘易斯·卡罗尔笔下的兔子洞<sup>①</sup>。寻常森林哪会每隔二十四小时就逐渐下沉两次，最终伏倒数个小时，然后又再度屹立？但这正是岩藻林的独特奇异。当潮水顺着倾斜的岩石退去，在潮池留下微观的海洋，岩藻就平卧在水面上，叠覆着一层层浸水湿透、弹性极佳的叶片。它们自陡峭的岩壁垂下厚重的幕帘，保留住海水的湿润，有了它们的保护，生物不必担忧干燥脱水。

日间，日光下澈岩藻林，影布池底，金色斑驳；夜里，清辉洒在树冠，倩影稀疏，月光皎白。浪潮流水划破树冠之上的平静穹顶，留下阵阵波纹；穹顶之下的世界，躁动不安，巨藻的黑色叶片就在晃动的阴影之间摇曳。

但是，时间在这片海底森林里的穿巡流转，与其说是光影的交替，不如说是潮汐的节律。在这里，生命的存续取决于水的存在，无关乎黄昏将至抑或破晓来临，生存世界的天翻地覆，全系于潮水的涨落之间。

潮落，巨藻的叶尖失了支撑，慵懒地平卧在水面上，漂漂荡荡。空中阴云骤变，森林底部笼罩着一层更深的阴霾。上部水层不断变薄、逐渐流失，但海藻仍然缓缓摇曳，回应着潮

---

① 刘易斯·卡罗尔（1832—1898），英国著名作家，代表作《爱丽丝漫游奇境记》。掉进兔子洞是该书中第一个故事。——译者注

汐的每一次脉动，任水波将它带向岩底，俯伏其上，将生命与运动都归为静默。

白日里，静谧降临在这片森林，此时猎人还未离开窝点，弱小的和迟拙的都隐在角落里躲避日光。每一次退潮，海岸都会在等待下一次潮涨中迎来暂时的平静。

藤壶收起它们的猎网，将双扇门紧掩，隔绝干燥的空气，锁住海水的滋润。贻贝和蛤蜊抽回它们的进食管或虹吸管，并合上双壳。偶尔有只海星，趁着上一次涨潮涌入森林，漫不经心地徘徊游荡，但这会儿也用弯曲的腕绑缚住贻贝，数十个细长管足末端的吸盘紧贴着贻贝的壳。几只螃蟹在巨藻平卧的叶片之间，起起伏伏，奋力挤出，就像一位行人艰难穿行于暴风雨后倾倒的树木之间。螃蟹活泼好动，一刻不停，掘着它们的小斜坑，刨出埋在泥里的蛤蜊，随后用肥大的蟹钳将蛤蜊壳敲碎，将蛤蜊肉夹在步足的尖中。

猎人和拾荒者从潮滩高处而下。跳虫这种栖息在潮池的小昆虫，披着灰色的斗篷，从高处蜿蜒而下，匆匆掠过岩底，猎寻大开壳门的贻贝、死鱼或海鸥留下的螃蟹碎渣。乌鸦在藻叶上来回走动，沿着海岸拣拣挑挑，直到翻找出深藏的玉黍螺，后者通常躲在巨藻间，或寻一块掩在海藻湿叶底下的岩石，紧抓不放。然后，乌鸦伸出一足，以有力的脚趾将螺壳夹住，同时用灵巧的喙将螺肉取出。

回潮时，潮水的脉搏起先很微弱。要重新攀上高水位线，它将花上足足六个小时，而且一开始，潮水的上涨速度会相对缓慢，仅堪堪淹没潮间带的四分之一，就已经过去了两个小时。接着，潮水的上涨速度加快。在接下来的两个小时里，潮汐流转为汹涌，水位的上涨速度将是之前的两倍。然后，潮汐再次放慢脚步，优哉游哉，踏上海岸的高处。扎根在海岸中段的岩藻，常年受涛浪侵袭，与它们相比，海岸对裸露海岸的拍击都显得温情。但是，岩藻对海浪的击打有明显的缓冲效果，所以栖息在岩藻下的岩底，或紧依岩藻的生灵，会比生活在上层岩石的生命，承受海浪温柔得多的冲击，也远好过当潮水在海岸中段迅猛推进，逆浪拍岸进溅时，在这之间深受拖拽之苦的小生命。

黑暗将这片森林唤醒。但岩藻林的夜晚，潮起澎湃，潮水从巨藻底下猛烈灌入，搅乱低潮时的静谧，让森林的居民不得安宁。

开阔海域的潮水将岩藻林底淹没，藤壶象牙色般的尖锥之上，暗影浮动，那是藤壶张开几乎细不可见的猎网，欣然接纳潮汐的馈赠。蛤蜊和贻贝将壳开了一条细缝，让海流坍塌向下，形成一股小型的漩涡，把海产素食通过漏斗般的旋涡注入贝类复杂的滤食机制，饱餐一顿。

沙蚕从淤泥里钻出，游向另一个猎场。它们若要平安到达目的地，就必须小心避开随潮而来的鱼类。因为当浪潮来袭，海水灌入岩藻林，也带来了饥肠辘辘的猎食者。这里，就是猎场。

虾在藻林空地里一闪而过，又猛地折返。它在寻找小型甲壳类、小鱼仔，或者渺小的刚毛虫，却又被鱼儿追着逃了回来。海星从海岸低处的角叉菜匍匐向上爬动，猎食生长在藻林底部的贻贝。

乌鸦和海鸥被潮水逐出潮滩。身披灰色天鹅绒斗篷的小昆虫挪步上岸，或寻一处稳妥岩缝。阳光折射在海浪拍岩激起的水雾上，它就在这绚丽光芒的包裹下，等待潮落。

在潮间带海底构筑瑰丽森林的岩藻群落，是地球上几种最古老植物的后代。它们和海岸低处的大型海藻同属于褐藻，体内的叶绿素被其他颜色的色素掩盖。希腊人称褐藻为"Phaeophyceae"，寓意为"昏暗无光的植物"。学界有观点认为，岩藻生于混沌初期，那时大地还被笼罩在浓密的阴云之中，只有几道微弱的光束穿过云层，带来些许光亮。甚而今日，褐藻这种植物仍然更喜深沉幽暗、阴影幢幢的地界——深海底的斜坡之上，大型海藻让一座座幽暗的海底森林拔地而起；黑黢黢的岩架之上，海藻颀长的缎带顺着奔涌的水流漂向潮汐。生长在潮间带的岩藻，在北部海岸也如出一辙，常有阴云浓雾相伴。只有在深海海水的掩护下，它们才会罕见地迁入阳光明媚的热带。

褐藻可能是第一批聚居海岸的海洋植物。古老海岸线受强潮肆虐，在潮水雷厉风行的进退之间，褐藻适应了海陆交替，受海水淹没，受日光暴晒，尽可能向陆地靠近，但不完全离开潮汐带。

"沟鹿角菜"这种现代岩藻常出现于欧洲海岸，生活在潮滩的最上缘。在部分地区，它与大海的唯一接触，就是偶尔被飞溅的浪花浇个湿透。阳光和空气让它的叶片发黑生脆，让人甚至错觉它已枯竭致死，但等到海水涌回，它的颜色和质地就又恢复到寻常。

美国大西洋海岸并不生长沟鹿角菜，但这里有它的近缘植物——螺旋墨角藻。和沟鹿角菜一样，螺旋墨角藻也尽可能地脱离大海。它形态低矮，叶片短小粗壮，叶尖粗糙肿胀，在小潮的高水位线之上生长得最为茂盛。所以，在所有岩藻中，螺旋墨角藻的聚集地最靠近海岸或裸露岩礁的水线。虽然它一生中四分之三的时间都走出了水面，但它的褐藻身份货真价实。海岸高处这片张扬醒目的橙褐色，就是预告即将踏进大海的路牌。

　　但是，螺旋墨角藻只生活在潮间带植物群落的边缘，不像多节藻和墨角藻这两种岩藻，牢牢占据着森林的中心。后两种海藻都禁不起猛浪的折损。多节藻只能在远离巨浪的海岸上繁衍生息，是海岸的主要海藻。它从海岬退守到海湾和感潮河段，远离大海，少受涛浪和潮位高涨的影响，所以虽然叶片和稻草一样纤细，但它却如参天巨人般高大。这些水域不直面波涛的咆哮，经历了长途跋涉的波浪已不会对多节藻那富有弹性的缕缕纤叶造成太大冲击。多节藻茎叶上的肿胀囊泡还含有植物排出的氧气等气体，当潮水倾覆，囊泡便宛如救生球般将多节藻托出水面。墨角藻的抗拉强度稍好，所以还能承受中强度海浪的生拉硬拽。虽然它比多节藻矮小得多，但仍需要囊泡帮助它浮于水中。墨角藻的囊泡成对生长，各在突出的中脉两侧。但是，若墨角藻受到涌浪的猛击，或长于潮汐带的低处，囊泡可能会发育不良。在特定季节里，墨角藻的分支末端会肿成圆鼓鼓的球，几乎呈心形，生殖细胞便是从这里排放。

　　海藻没有真正的根，只是依靠扁平的吸盘固定在岩石上。就像几乎每一株海藻的根部都略有熔化，熔丝在岩石上铺展，然后凝结交织，让海藻坚挺稳固，只有暴雷海啸或岸冰挫磨，才能将它连根拔起。海藻不必像陆地植物，得靠根从土壤里提取矿物质，因为它们几乎总是浸泡在海水中，可以在海水里吸收生命所需的所有营养。它们也不必像陆地植物，需要支撑身体向阳生长的茎秆或树干，它们大可向海浪弯腰。所以，它们的结构很简单，只有从固着器处长出的叶状体，并不区分根、茎和叶。

看这低潮时趴卧在岩石上的森林，如厚毯般层层叠盖着海岸，仿佛寸寸岩石都被海藻抢占。但其实，当潮水回涌，海藻便挺立身躯、恢复生气，这片林地相当开阔，株丛间皆是空地。在缅因州海岸，潮水在广袤的潮间带岩石上起伏翻涌，多节藻在小潮的高潮时淹没、低潮时裸露的陆地上铺开黑色的毯子。在每株海藻固着器的附近，开阔岩石地的直径有时可多达1英尺。海藻就从这片空地的中心升起，叶状体不断分叉，最后，顶层的分枝可以向周围延伸数英尺。

海的深处，海藻叶状体的底部随着海水的流淌起伏摇曳飘荡，明艳的色彩在岩石表面流动。热闹的海藻林，给岩石着上鸽血红和翡翠绿。它们的体型十分微小，因而即便在岩石上遍布成千上万株，也不过牛毛之于牛身，更加凸显斑斓璀璨的珠宝光泽。聚集在绿色区域的，是一种绿藻。单株绿藻太过渺小，必须借助高倍数镜头才能将它看清——它消失在绵延的绿藻丛中，宛如一根青草隐于郁郁葱葱的草地。在这万绿丛中，还有点点明亮鲜艳的红，它的生长同样与基底岩石密不可分。点点鲜红是红藻的群落，红藻会在岩石表面分泌一层薄薄的石灰质，形成一块坚硬的外壳，紧紧固定在岩石上。

在这流光溢彩之中，藤壶的存在格外醒目。清澈的海水如液态玻璃般倾注入海藻林，藤壶的触手在水流中快速闪动，来回伸缩，抓取回撤，从涌动的潮水中汲取肉眼不可见的生命微小原子。贻贝躺在被波浪打磨圆润的卵石周围，仿佛停泊的船只，被自己身体组织纺成的闪亮细线牵引着。蓝色双壳稍稍张开，露出里面带有凹槽边缘的淡棕色组织。

海藻林的部分地区则相对拥挤，簇簇岩藻从浅草皮或矮灌木中挺立身躯。矮灌木主要由爱尔兰藻扁平的叶状体组成，有时也包括另一种植物，它的深色叶片铺展在岩石上，柔软如土耳其浴巾。热带雨林有兰花，海底红藻林也有它的气生兰，就长在多节藻的叶状体上。多管藻似乎已失去，又或许从未有过直接附着在岩石上的能力，深红色的团块叶状体分枝精细，紧贴着藻体，以此漂浮在水中。

岩石之间，以及稀疏的卵石底下，堆积了一种既不是沙也不是泥的物质。那是海洋生物被海浪磨光的微小遗骸，比如软体动物的壳、海胆的刺，以及海螺的鳃盖。蛤蜊就居住在这一小片柔软物质的空洞中，向下刨挖，直到将身体埋入底下，只露出虹吸管的尖。蛤蜊周围的泥土里长满了丝带蠕虫，它们细若游丝，颜色猩红，化作小猎手寻找着微小的刚毛虫以及其他猎物。这里还有沙蚕，体态优雅、绚若彩虹，于是，它的拉丁名便意为"居于海洋的仙女"。沙蚕会定期捕食，通常是在夜里离开洞穴，然后搜寻小蠕虫、甲壳类动物，以及其他猎物。在没有月光的黑夜里，一种蠕虫海量聚集在岩石表面，成群产卵，由此诞生了许多奇妙传说。在英格兰，这种蠕虫被称为"绿沙蚕"，总是躲在空空的蛤蜊壳中，害得渔民误以为这是雄蛤。

只有拇指盖大小的螃蟹在海藻林栖息和捕食，它们是青蟹的幼体。成年青蟹生活在海岸的潮汐线以下，只有脱壳时才会躲回海藻林。此刻，年幼的青蟹在泥坑里觅食，刨挖、搜寻和它们体型差不多大的蛤蜊。

蛤蜊、螃蟹和蠕虫紧密相连，共同构成动物社区。螃蟹和蠕虫会定期捕食，是主动出击的猛兽。蛤蜊、贻贝和藤壶以浮游生物为食，习惯守株待兔，静待潮汐将食物送上门来。根据亘古不变的自然法则，以浮游生物为食的动物，要比以它们为食的动物数量多得多。除了蛤蜊和其他几类大型物种，岩藻还庇护着成千上万的小生灵，它们都忙着用不同设计的过滤装置，过滤每一次潮汐带来的浮游生物。比如，一种名为"螺旋虫"的小型羽毛蠕虫，乍看之下，人们肯定会以为它并非蠕虫，而是海螺，因为它是管壳工匠，是化学大师，能够在自己身体周围分泌形成钙质管状外壳。管壳只有针帽大小，呈石灰白、扁平盘曲、螺旋盘绕，外貌酷似陆地的蜗牛。它们终生栖于管内，将管壳固定在海藻或岩石上，只不时探出头来觅食，以头顶的触须过滤浮游生物。这些精致纤巧、薄如蝉翼的触须，不仅可以用作缠住食物的猎网，还可以作为呼吸的鳃。触须中有状似高脚杯的结构，当蠕虫缩回管壳中，杯状结构，也就是鳃盖，会关闭开口，就像一扇严丝合缝的活板门。

管状蠕虫已在潮间带安居数百万年，证明它们善于对生活模式灵活调整，从而适应周遭的岩藻世界，也更好地适应受地球、月亮和太阳相互运动影响的巨大的潮汐节律。

管壳的最里圈是一串串小珠子攒成的珠链，包裹在透明的囊膜里，或裸露在外。每串珠链上约有二十颗珠子，那是正在发育的卵。当胚胎发育成幼虫，囊膜就会破裂，将幼虫送入海中。螺旋虫在母体管内完成胚胎发育，可以保护幼虫不受天敌伤害，并确保幼虫在脱离母体后即刻便能在潮间带安居。幼虫在水中畅游的时间并不长，最多只有大概一小时，恰好处于一次潮涨或潮落。它们矮小粗壮，长有深红色眼点，可以帮助幼虫很快找到适宜定居的地方，但这之后眼点便很快退化。

在实验室的显微镜下，我可以看见幼虫在劲头十足地游走，身上的小刚毛都在急速旋转，然后落到玻璃器皿的底部，以头撞击。它们为何，又是如何与先祖选择同一地点定居呢？显然，经过多番尝试，它们发现比起粗糙的表面，还是光滑的更佳。并且，它们具有强烈的群居性，倾向于定居在同类居住的地方，这样可以让它们处于相对可控的生存环境中。除了熟悉的环境，宇宙力量也会对它们的生活方式带来影响。每隔两周，适逢上下弦月，一批受精卵就会被放入育囊开始发育。与此同时，前两周孕育孵化的幼体就会被放入海中。螺旋虫的繁殖时间与月相精确同步，因此幼体总是在小潮时被放入海中，此时的潮水起伏柔缓，即便是这般孱弱的小生灵，留在岩藻林的机会也很大。

玉黍螺涨潮时栖于海藻上部的分支，退潮时就躲在海藻底下。它的外壳光滑圆润、顶部扁平，呈橙色、黄色和橄榄绿，酷似岩藻的子实体。也许，这种相似性成了保护壳。与粗纹玉黍螺不同，北黄玉黍螺仍然是海栖动物。退潮时，海藻湿漉漉的叶片为它提供了需要的湿度和盐分。它们刮走藻类的皮层细胞食用，很少像它们的近缘那样落到岩石上，以岩石表面的薄膜为食。即使是产卵，北黄玉黍螺也完全仰赖岩藻。它的卵不会落入海中，幼虫也不会在海流中漂泊，北黄玉黍螺的一生都与岩藻密不可分，从不寻找别的去处。

　　这种海螺数量庞大，我对它的早期经历充满好奇。于是夏季退潮时，我曾在家附近的岩藻林里一路寻找它们，翻看匍匐卧倒的海藻，仔细查看它的长条枝叶，看看上面是否有我所寻之物的踪迹。偶尔，我会侥幸发现一团团透明物质，宛如坚硬的果冻，牢牢固定在海藻的叶状体上。透明物的长度平均约为四分之一英寸，宽度是长度的一半。每一团都可以清晰看见卵，宛如圆圆的气泡，数十个紧密排布在狭小的母体中。我将一团卵块放在显微镜下仔细查看，可以看见每个卵的卵膜内都有一个正在发育的胚胎。这显然是软体动物的胚胎，但它们的胚胎区别不大，还是无法辨认这究竟是哪种软体动物。在栖息地冰冷的海水中，它从卵到孵化成形，大约需要一个月，但在温暖的实验室里，还有几个小时它们就会孵化完毕。第二天，每个卵囊中都孕育出了一个娇小可爱的玉黍螺宝宝，它的外壳已完全成型，显然已做好准备在岩石上度过它的一生。我很好奇，当海藻在潮汐中猛力摇摆，暴风雨不时将海浪掀起拍击海岸，它是如何在那里坚守家园的呢？那个夏天的晚些时候，我找到了部分答案。我注意到海藻的许多气囊上都有小孔，就像是被某种动物咬破或刺穿了一样。我将气囊小心切开，一探究竟。气囊内部有一个绿壁的育囊，里面安睡着玉黍螺宝宝，每个气囊包裹着二至六个小宝宝，让它们在此处安稳长大，不必害怕外面的敌人和风暴。

在小潮的低水位附近，棒螅在多节藻和墨角藻的叶状体上，铺上它天鹅绒般的补块。棒螅呈管状，一簇簇棒螅从固着点上升起，就像植物在根上站立，宛如一束绽放的娇花。它的颜色从粉嫩的桃红渐渐过渡为鲜艳的玫瑰红，须边是花瓣般的触手，随着潮水轻轻颔首，好似林中野花在风中点头。但它随波摇曳是为在水中捕食，这样看来，它其实是一头贪婪的丛林小兽，所有触手上都满布刺细胞，可以像毒箭般穿入猎物体内。触手来回摆动，碰到小型的甲壳类动物、蠕虫或某种海洋生物的幼虫时，就会射出连环箭雨，动物中了毒箭便会被麻醉，被触手捉住送往嘴里。

如今在海藻上建立的每一个棒螅群落，起初都只有一只小小的幼虫。幼虫游至此处，驻足定居，褪去游泳时的纤毛，将身体附着固定，然后不断伸展，长成植物一样的小生灵，并在活动端长出王冠一样的触手。过段时间，从这种管状生物的基底，会生出一根状似根或匍匐枝的组织，开始沿着岩藻攀爬，并像抽芽般长出新的管子，而每根管子都有嘴和触手。所以，这一整片棒螅，全来自同一枚受精卵，来自这枚受精卵孵化而出的那只漂流的幼虫。

繁殖季节里，植物状的水螅必须繁衍后代，但蹊跷的是，水螅本身无法产生生殖细胞孕育下一代幼虫，只能像植物抽芽般进行无性繁殖。所以，在水螅所属的大型腔肠动物中，反复出现了一种奇怪的世代交替特征，后代不像自己，反而更像自己的上一代。在单个棒螅的触手下方，抽出新芽，水螅群落的世代交替便完成。新芽向外伸展下垂，好似一颗颗悬垂的浆果。部分水螅的浆果，也就是芽体，会从母体上掉落并顺水游走——它们纤细小巧，形若挂钟，又像小型的水母。但是，棒螅的芽体不会脱落，而是一直固定在母体上。粉色的芽体代表雄性，紫色则代表雌性。当芽体发育成熟，会将卵子或精子排入海中。卵受精后开始分裂，并在发育过程中产生幼虫纤若游丝的原生质，然后幼虫便游过未知的海域，在遥远的新家园建立领地。

仲夏时节，潮水涌入，带来乳白色圆润透亮的海月水母。它们看上去虚弱不堪，并且这虚弱的状态将会伴随它们直到生命的大圆满。即便海水最细微的动荡，也能将它们的身体组织撕裂。当潮水将它们携往岩藻林然后退去，它们就像皱巴巴的玻璃纸一样被留下，鲜少能熬到下一次潮涨。

每年，海月水母都会被潮汐卷上海岸，有时只有少数几只，有时数量庞大。它们向着海岸漂荡，不声不响，即便海鸟也不会鸣叫通报，因为水母的组织主要是水，海鸟并不爱将它们作为食物。

在夏季的大多时候，它们一直漂流在海上，在水中闪耀着乳白色的光。有时，两股海流交汇，成百上千只海月水母便沿着海流看不见的边界蜿蜒前行，相会交集。但是，秋天到了，海月水母的生命也走到了尽头，它们对潮汐的席卷束手无策，几乎每一波潮水都能将它们冲上海岸。秋季，成体水母携带着正在发育的幼体，将它们安置在圆盘底下悬垂的组织皮瓣中。幼体呈梨形，娇小玲珑，当它们终于从母体上脱离，或被搁浅在海岸上的母体放走，它们便在浅水中四处游动，不时成群结队，最后首尾相接地往海底游去。幼体形似植株，高约八分之一英寸，有长长的触手，纤弱的海月水母便以这奇异的幼体形态挺过了冬季风暴潮。然后，它们的身体开始收缩，看起来像是一摞茶碟。到了春天，一个个小"茶碟"便放飞自我、四散游走，每一只娇小的水母都完成了世代交替。在科德角北部，每年七月，幼体发育长大，外径可达六至十英寸；七月下旬或八月，幼体发育成熟，并产出卵细胞或精细胞；到了八九月份，细胞发育成型，产生新一代幼体。到了十月底，水母将被风暴潮尽数摧毁，但它们的后代将得以幸存，固着在低潮线附近的岩石表面，或者近海海底。

海月水母鲜少在离岸数英里之外漂荡，因此常被看作沿海水域的标志，但体型硕大的红色水母——狮鬃水母，则会定期涌入海湾和港口，游走在浅绿色的水域与遥远开阔的亮绿色海域之间。在离岸一百多英里的渔场，或许还能看见狮鬃水母懒洋洋地在海面上游来荡去，身后的触手绵延50多英尺。触手上的刺毒性猛烈，几乎对沿途所有海洋生物都会带来危害，甚至人类也对其避之不及。不过，年幼的鳕鱼、黑线鳕，有时还有其他鱼类，会将这硕大的水母当作"奶妈"，在它庞大身躯的庇护下穿过无处栖息的海域，却不会被水母触手上荨麻般的刺蜇伤。

和海月水母一样，狮鬃水母只属于夏季的海洋，到了秋天，风暴潮便会宣读它生命的终章。它的后代和植物一样，以种子的形态越冬，往后的每一个细节，都仿佛是海月水母的生命历程再现。在通常远不到200英尺深的海底，半英寸长的一缕缕生命组织，便是体型庞大的狮鬃水母的后代。它们经受得住体型庞大的夏季水母无法忍受的寒冷和风暴，当春日的温暖开始驱赶冬季的严寒，它们从小小的圆盘中出芽生长，以不可思议的生长速度，在短短一季内便出落为成年水母。

当潮水退到岩藻林以下，海浪在海的边缘冲刷着贻贝的栖息地。在潮间带的低处，蓝黑色的贝壳在岩石上生机勃勃地铺展。贻贝将岩石表面覆盖得密密麻麻，质地成分又与岩石完美统一，时常让人忘记这并非岩石，而是朝气蓬勃的小动物。这一处的贻贝，数量多到难以想象，但每一个的长度还不到四分之一英寸；但在那一处，贻贝的个头却可能有几倍大。但它们总是紧紧挨着，一个贴着一个，很难看出某一个贻贝是如何张开它的壳，接收水流送来的食物。每一寸，每一厘，都有生物占领，因为生物的生存全靠在这片基岩海岸上取得立锥之地。

在这个拥挤庞大的群落里，每只贻贝的存在，都证明它已下意识完成了幼时的目标，体现了那只微小透明的幼虫对生存的强烈渴望。它曾漂泊在茫茫大海上，漫无目的地寻找落脚之处，或在绝望中等待死亡。

贻贝漂流的幼体多如天上的繁星。在美国大西洋沿岸，贻贝的产卵季很长，一直从四月持续到九月。目前尚不清楚是什么在特定时间里引发了产卵潮，但已明确的是，一些产卵的贻贝会在海水中排出化学物质，而这片海域的所有成熟个体都会对这种化学物质产生反应，纷纷将卵子和精子排入大海。雌性贻贝几乎绵绵不断、无休无止地将成百上千，甚至数百万计的短棒状卵子排入海中，这之中的每一个未来都可能孕育出成熟的贻贝。大型雌性贻贝单次可排出多达 2500 万个卵子。在平静的海域，卵子会轻轻漂向海底，但当起浪或海浪快速流动时，它们会立即被海水卷走。

卵子被排入海中的同时，雄性贻贝也将精子排出，于是海水顿时浑浊一片，因为每一只雄性贻贝排出的精子数量都多到不可计数。数十个精子围在一个卵子身边，紧紧贴着，寻找着突破口，但最终只有一个精子可以成功。第一个精细胞成功进入后，卵子的外膜即会发生物理变化，其余精子便无法再进入。

精细胞与卵细胞结合之后，受精卵迅速开始分裂，在潮水涨落的间隙，受精卵就变成了一颗小小的球形细胞，用闪闪发光的纤毛推动自己在水中前进。不到 24 小时，它又长成了奇特的倒圆锥形，但这在软体动物的幼体和环节动物的蠕虫中也很常见。几天以后，它变得扁平细长，靠着被称为"缘膜"的薄膜振动而快速游动，在固体表面上爬行，试着感知陌生的物体。它在穿越大海时，一定不会孤单，因为每平方米的成体贻贝群之上，便有多达 17 万个幼体在游动。

幼体纤薄的外壳刚刚形成，很快又被成体贻贝的双瓣壳取代。此时，缘膜已经分解，成体的外膜、足及其他器官开始发育。

从初夏伊始，这些带壳的小家伙就大量聚集在海岸的海藻林里。透过显微镜，可以看见带回的每一株海藻上，都有幼体在四处爬行。长长的管状器官和象鼻有着莫名的相似之处，是它用以探索周边世界的"足"。年幼的象拔蚌以"足"试探沿途的物体，爬过平坦或陡峭的岩石，穿过海藻林，甚至在平静的海水表膜下前行。但很快，"足"又多了一项新功能：帮助纺织坚韧的足丝，将蚌贝固定在坚实的支撑点上，防止它被海浪冲走。

贻贝在低潮带大量聚集、繁衍生息，证明这一连串情况已然圆满重复了成千上万次。然而，每一只最终幸存、定居岩石的贻贝身后，必定有成千上万只幼虫坠入海底、跌进深渊。但是，生态系统总会保持着微妙的平衡，若非遭遇生态灾难，大自然的毁灭之力不会压倒它的创造之力，反之也不会被后者压倒。人生漫漫数十载，地质时代更是亘古绵长，但海岸上的贻贝总数很可能从无变化。

在低水位的多数区域内，贻贝与一种红藻形影不离、亲密无间。这种红藻名为"衫藻"，是一种矮生植物，茂盛繁密，质地近似软骨。衫藻与贻贝紧密相连、融为一体，化作一块坚韧的地垫。小巧的贻贝在衫藻周围茁壮成长，大量繁衍，甚至连它附着在岩石上的基座都被遮挡不见。在衫藻的茎干和长短不一的分支上，栖息着蓬勃的生命，但这生命实在太过微小，非人类目力可即，必须借助显微镜才能一探究竟。

　　一些海螺的外壳带有鲜艳的条纹和深凿的刻纹。海螺背着它的壳，顺着藻叶爬行，以微小植物为食。许多海藻的茎基部上都覆有一层厚厚的苔藓虫，名为"膜孔苔虫"，膜孔苔虫从每个腔室里，探出微小难察、长有触手的头。还有一种形貌粗犷的苔藓虫，名为"放射虫"，也喜欢给红藻的断茎残茬编织外衣，附着有放射虫的红藻茎干几乎粗如铅笔。粗糙的刚毛从垫子上竖起，将外来物质紧紧粘住。和膜孔苔虫一样，放射虫也由成百上千个腔室比邻构成。显微镜下，粗壮的小家伙一个接着一个，谨慎地探出脑袋，然后张开王冠般、蒙着薄膜的触手，就像将一把雨伞撑开。线状蠕虫爬过苔藓虫，在它的刚毛间蜿蜒而过，就像蛇在田地的粗茬间穿行。一只小型的独眼甲壳类动物，仅有一只闪烁着红宝石光芒的眼睛，它在苔藓虫的领地里横冲直撞，显然惊扰了周围的居民。所以，当某只苔藓虫被这位不速之客不小心碰到，它就迅速闭合它的触手，缩回腔室。

　　在红藻林的上层分支中，有许多片脚类甲壳动物"藻钩虾"栖居的巢穴或管壳。藻钩虾个头不大，外壳像是带有棕红色斑点的奶油色套头衫；它的面容酷似山羊，两只大眼睛炯炯有神，两对触须形若山羊角。它的巢穴如鸟巢般构造精巧、安全稳固，但更经久耐用，因为片脚类动物不善泅水，通常更喜欢宅在家中。它们总是躺在舒适的囊室内，仅把头部和上半身伸出。海流经过海藻林，给它们带来细小的植物碎片，所以它们逍遥快活，不愁吃喝。

一年到头，藻钩虾多是独居生活，一虾一囊，也不寂寞。初夏，数量占绝对劣势的雄性会主动前去拜访雌性，二者便在囊室里交尾。虾仔渐渐发育成熟，睡在母虾腹部附件的育囊里，受着母亲的照顾。雌性藻钩虾在怀着幼虾时，会将身体完全裸露在囊室之外，大力扇动水流，让海水流经育囊而过。

日复一日，虾卵长成胚胎，胚胎孵出幼虾，自始至终，母虾总是将它们拥在身前，细心呵护，直到幼小的身躯变得强壮有力，足以前往海藻林生活，懂得用植物纤维和自身体内吐出的神奇丝线构筑巢穴，学会捕捉食物，学会自我保护。

当幼虾准备好独立生活，母虾便开始不耐烦地想要摆脱这一窝幼仔，用虾钳和触角将它们推搡到囊室的边缘，又连推带挤地要将它们驱逐出去。幼虾则用钩状的刚毛死死挂在囊室的内壁和出口，不舍得离开这熟悉的温床。但它们终于被逐出家门，它们还会在这附近流连徘徊。等到母虾外出，趁它一不留心，幼虾就纷纷跳到它的身上，再次"偷渡"回旧日的安乐窝，直到母虾再次失去耐性，暴躁地将它们搡出去。

　　刚钻出育囊的幼虾，就得搭巢筑窝，并随着身体的不断生长持续扩建。但幼虾不像成年虾，不爱待在室内，还是喜欢在海藻林里攀爬玩耍，更为自由自在。在大型片脚类动物的住所周围，常常会发现几个小巢。也许小虾还是更喜欢待在母亲身边，即便母虾决心将它们赶了出来。

　　潮落时，潮水离开岩藻和贻贝，退回覆着一层红褐色爱尔兰藻的宽阔带状区。这片区域只会短暂暴露在空气中，因为转眼之间，海水又将重新漫覆。所以，爱尔兰藻总是闪耀着清新、湿润的光芒，因为不久前它才得到了海水的滋养。或许是因为，人类只能在潮退、潮涨的短瞬间隙，才能一窥这秘境；也或许是因为，眼前海浪拍打着基岩海岸的边缘，消散为浪花和泡沫，并在宏伟嘹亮的浪声中，再次涌回海的中央——我总会不自觉地记起，这里是大海的前哨，而我们，只是乱闯的过客。

　　在这片布满爱尔兰藻的领地，生命层层叠叠，参差错落；它们附着在其他生命的表面，或跻身其中，或以它者为掩体，或以它者为基底。爱尔兰藻为矮生植物，枝条繁茂且错综复杂，所以可以保护躲在其间的生命不受海浪侵袭，并在落潮的短暂间隙，给周围的生命维持海水的滋润。那日，我从海岸回来，夜里听着海浪轰隆隆地踏着长满爱尔兰藻的礁石，潮水沉沉地落下，心中不禁惦念栖居藻间的那群小生灵——小海星、海胆、海蛇尾、管栖片脚类、裸鳃类……它们是这般纤弱渺小。但我知道，如果这动荡的世界里还有它们一处安全屋，那一定是在这儿；在这片繁盛茂密的潮间带海藻林，海浪温和地碎成泡沫。

爱尔兰藻鳞次栉比，挤挤挨挨，若不多加留意，丝毫不能看清那底下究竟掩着什么。底下是蓬勃的生命，其数量之庞大，种类之繁多，令人难以想象。几乎没有一根爱尔兰藻的茎干不裹上一层苔藓虫制成的厚衫——白色网纱是膜孔苔虫，易脆的琉璃是小孔苔虫。苔藓虫的外壳宛如一幅镶嵌画，以微小的细胞或腔室嵌成，排列工整有序，图案错落有致，壳面细琢精雕。每个细胞内都居住着一只长有触手的渺小生灵。仅保守估测，在每根爱尔兰藻的茎干上，这样的居民都有数千个。每平方英尺岩石表面，大约长有数百根茎干，容纳的苔藓虫大约为 100 万。放眼望去，在这片缅因州海岸，单这一类动物，数量就已达到几万亿。

但往更深一层思考，如果苔藓虫的数量如此庞大，那它们作为食物的生物肯定更加数不胜数。苔藓虫的群落就像一张高效的捕网或强力过滤器，从海水中轻易筛出可供食用的微小动物。一个接着一个，腔室的门纷纷打开，每扇门中都吐出一圈花瓣状的细丝。刹那间，苔藓虫整片领地焕发无限生机，冠冕一样的触手随波摇摆，宛如轻风拂过田野，花朵轻轻摇曳。但接着，所有触手可能瞬间缩回了安全屋，群落一片死寂，仿佛是一块铺有石雕的岩板。岩石场上，"花朵"摇曳生姿，婀娜美好，但对海中诸多生物而言，这是死神的舞蹈。只见它翩然一舞，便成功诱来球形、椭圆形和新月形的原生动物和微型藻类，也许还有微小的甲壳类和蠕虫，或者软体动物和海星的幼体。它们的猎物隐秘地生存在这片长满爱尔兰藻的丛林中，多如天上繁星。

大型动物数量虽少，但种类繁多。海胆形似一朵硕大的苍耳，常常深藏于藻丛之中。它们密密麻麻的管足上长有吸盘，将圆鼓鼓的身体牢牢固定在岩石表面。在这里，我们再次发现了老朋友厚壳玉黍螺。栖于潮间带的动物往往被限制在特定区域活动，但奇怪的是，厚壳玉黍螺似乎丝毫没受拘束，它们在藻丛上戏水，在丛间嬉戏，在丛底休养生息。潮退后，它们的厚壳就遗落在海藻上，重重地垂在藻叶上，一碰就会掉下来。

海藻甸似乎是海星在北部海岸的一大繁殖地，此处聚集的小海星数以百计。金秋时节，几乎每两株爱尔兰藻间，都藏着四分之一英寸和半英寸大小的小海星。海星在年幼时带有五颜六色的图纹，但等它长大成熟后，图纹便消失了。与整个身子相比，这种棘皮动物的管足、体刺，以及表皮上其他奇特的增生物都比例偏大，但它的外形却这般干净利落，堪称黄金比例。

岩底上，茎干间，海星宝宝安然地躺卧着。它们如雪花一样娇小，雪花一样轻盈，雪花一样妙曼，是白色的烟云尘埃，缥缈梦幻。它们刚经历了从幼体变为成体的完全变态，浑身散发着崭新的生机。

也许，正是在这岩底，海星结束了它形似浮游生物的幼体阶段，停在岩石上，将身体牢牢固定，随即静止，一动不动。接着，它们的身体开始变得像吹胀的玻璃球，向外伸出细长的角，角和叶瓣上长有游泳的纤毛，有的还长着吸盘，供幼体寻找稳固的岩底停靠。附着期虽然短暂，但却至关重要，就像茧中的虫蛹，海星幼体的组织也要在这一阶段完全重组，褪去稚嫩的身体，取而代之的是五角星一样的成年形态。当我们发现时，新生的海星已会熟练使用管足，在岩石上爬行，如果不慎翻倒，它们也能矫正姿态，我们甚至猜想，它们可以像真正成熟的海星一样觅食，吞掉微小动物。

几乎每一个低潮池里都有北太平洋海星的据点，它们栖息于此，或躲在苔藓的湿润中，或躺在岩石边缘，享受水滴垂下的沁凉，等待下一次潮涨。在大海短暂退离的低潮期，海星在苔藓上如花般竞相绽放，姹紫嫣红——粉色、蓝色、紫色、桃色或米色，颜色各异，好不热闹。偶尔也有一只灰色或橙色的海星，刺像白色的圆点，格外醒目。与北太平洋海星相比，它的手臂更加浑圆粗壮，上表面坚如磐石的圆形吸盘通常为明橙色，而不是北太平洋海星的淡黄。这种海星通常聚集在科德角以南，仅鲜少几只会去往更远的北方游荡。低潮岩池还有第三类居民——红橙色的血海星。除了海洋边缘，血海星还会下到大陆架边缘附近，栖居在深不见光的海底。它常居科德角以南，但又喜欢凉爽的海水，因此必须离岸才能找到温度适宜的水域。但出人意料的是，血海星的繁衍并不发生在幼体阶段，因为不同于其他海星，它的幼体不会游泳。产卵后，雌海星隆起它的腕，将卵放入腕中孵育，直到它们发育完全离开母体。

北黄道蟹藏在苔藓松软的垫子里，等待潮汐的回归或黑夜的降临。我想起，一块布满青苔的暗礁从岩壁上突出来，插入海带翻涌的潮水，海的深处。海水的水位近日才降到这礁岩之下，但回潮上涌已指日可待。其实，海浪每一波光亮透明的涌动，每一次平滑地涌向礁岩边缘，又缓缓离开，都预示着回潮的到来。浸透的苔藓，如海绵一般忠实地将海水锁住。在这块厚重的地毯底下，我瞥见一抹明亮的玫瑰色。起初，我以为那是结壳珊瑚藻，但拨开叶片，却被猛地一惊——一只大螃蟹挪了挪位置，然后再次陷入消极顺从的等待。在苔藓深处搜寻一番之后，我才找到了几只蟹，它们正等待着短暂退潮期的结束，并小心逃脱海鸥的侦测。

北黄道蟹这般逆来顺受，必然是为了躲避天敌海鸥的持续纠缠——白日里，海鸥总会孜孜不倦地搜寻螃蟹。若没有深藏在海藻丛里，那它们一定卡在外悬岩石的深凹处，那里安全且阴凉。北黄道蟹就在此处轻轻地挥动着触角，等待着大海的回归。但是，到了夜里，大型螃蟹便会占领海岸。有一晚，潮水退去后，我下到低潮区放还早晨潮起时捉到的一条大海星。这条海星的栖息地位于中秋夜大潮的最低水位，它们必须返回家园。我举着手电筒，沿着湿滑的岩藻往下走。眼前的世界光怪陆离：岩架上布满海藻，白日里如地标般熟悉的巨石，此刻显得阴森耸现，陌生难辨，似乎比记忆中庞大许多，每一处棱角在暗影的映衬下都变得异常突出。目之所及，手电筒光束直射之处，或半明半昧的幽暗处，螃蟹横行无忌。它们勇敢无畏、横行霸道，占领海藻丛生的岩石。它们怪诞奇特的身形在光影交错间更显诡谲怪异，将这块我原本熟悉的地方变为妖怪的领地。

在有些地方，苔藓并不附着在下层的岩石，而是岩石之下的偏顶蛤上。这种大型软体动物栖息在厚重、鼓胀的外壳中，较小端的壳皮外长有粗硬的黄毛。在这被海浪不断席卷的基岩海岸，若不是有偏顶蛤的存在和活动，其他动物不可能在这里安营扎寨。偏顶蛤以金色足丝将身体密密地缠裹成团，紧紧黏附在底下的岩石上。足丝是纤细足部中腺体的产物，由奇特的乳白色分泌物"纺"成，这种分泌物一旦接触海水就会凝固。足丝完美兼备韧性、强度、柔软和弹性，可以伸展至四面八方，让偏顶蛤坚守领地，既能顶住海浪的强大冲击，也能抵抗回流的猛烈拉拽，即便巨浪汹涌澎湃，偏顶蛤仍然怡然不动。

经年累月，偏顶蛤长居此处，泥沙碎屑不断沉积在贝壳之下，以及用于锚定的足丝周围。这又为其他生命撑起了一把保护伞，保护着伞下的各种动物，比如蠕虫、甲壳类动物、棘皮动物和诸多软体动物，当然还有偏顶蛤家族即将到来的小生命——它们这样小，这样透明，隔着新结的壳就能看清胎宝宝的模样。

有几种动物几乎总是混迹在偏顶蛤之间。一种是海蛇尾，瘦削的身子蜿蜒潜入偏顶蛤的足丝周围、外壳之下，纤长的手臂带动身体滑行，宛如游蛇。同样在此栖息的还有海鳞虫，而且在这个奇特的动物群落底层，海鳞虫和海蛇尾之下，居住着海星，再往下是海胆，然后是海参。

生活在这里的棘皮动物，个头较同族都偏小。偏顶蛤撑起的保护伞，似乎只庇护年幼、尚在发育的小家伙，发育成熟的海星和海胆在这里无法容身。在潮水退去后的间隙，海参将身子弓成椭圆，像个小橄榄球，长度还不到一英寸；回到海水中，它们便舒展身体，将身子拉伸至五六英寸长，并展开皇冠一样的触手。海参以腐屑为食，柔软的触手探查周围的泥屑，不时缩回，在嘴边划拉几下，像是孩子在舔手指。

在偏顶蛤底下的苔藓深凹处，游动着一种纤细修长的鲇鱼——岩鳗。它们和同类躲在海水中残存的避难所里盘绕，等候潮水归来。一旦被入侵者惊扰，它们就会在水中激烈翻腾，身体扭动得像层层波浪，慌忙逃窜。

在偏顶蛤群落的临海边缘，大型贻贝鲜少聚集，苔藓铺就的地毯也薄了些，但底下的岩石仍被遮盖得严严实实。绿色的面包屑软海绵在高处寻求石檐和潮池的庇护，因为此处直面大海的冲刷，长有松软厚实的浅绿苔藻垫。稀疏的苔藻垫上，零星散落着海绵特有的锥体和坑洼，还错落着暗淡的玫瑰色和绮丽的红褐色——暗示着更低一层还藏有别的生命。

一年到头，大潮大都退至爱尔兰藻部落带，便不再下降，直至重返陆地。但在有些月份，由于太阳、月亮和地球三者位置发生变化，大潮涨幅也随即变大，浪涛在陆地上空跃得更高，也向大海深处退得更深。秋潮总是汹涌澎湃，特别是当狩猎月由亏转盈，渐圆渐满，浪潮扑向花岗岩的光滑边缘，蕾丝边般的微澜拂过岸上杨梅的根，昼夜不歇。潮落时，太阳和月亮又合力将潮水拉回大海，自四月的月光映衬出岩架的黑色轮廓，岩架便再也没有露出海面，此时潮水从岩架上退下，露出珐琅一样的海底——结壳珊瑚着玫瑰红，海胆为碧绿，海带是亮琥珀。

趁着大潮，我下到海洋世界的入口，一年到头，陆地生物很少会被允许光临此处。然后我探访了漆黑的洞穴，才知那里有娇小的海中繁花竞相绽放，成群的软珊瑚在海水的短暂退离中默默忍耐。身处洞穴，被岩缝裂沟的潮湿阴暗包裹，我发觉自己身处海葵世界——海葵身体呈棕色，闪闪发光，上方伸展着王冠般的乳白色触手，像是朵朵娇俏的菊花，盛开在低洼的小水潭，盛开在潮汐线以下的海底。

潮水水位的急剧下降，让海葵被迫露出水面，它们的外观发生巨大变化，似乎连这短暂的陆地生活体验也无法适应。但凡崎岖不平的海床能提供一些掩蔽，就能找到海葵聚居地，几十上百只海葵簇成一团，半透明的身体挤挤挨挨。潮水退去，黏附在水平面上的海葵，便将身体组织拉成一个扁平、紧密又黏稠的圆锥体。羽毛般柔软的触手冠也缩了回来，缩进体内，丝毫不见海葵舒展时的美。垂直岩壁上的海葵，身体软绵绵地倒挂着，像是一座奇型沙漏，潮水出乎意料的撤退，让它们全身组织都瘫软无力。但它们并非丢失伸缩的能力，一旦被触碰，它们便立即将身体缩短，回到正常比例。被海洋遗弃的海葵，奇形怪状，远称不上美丽，事实上，若不是在觅食时还会将触手向四周散开，它与近海水下盛放的海葵，实在毫无相像之处。小型海洋生物若不慎碰到海葵伸展的触手，就会立即遭受毒液的袭击。海葵成千上万条触手上，每一条都埋有成千上万条盘绕的缝褶，每一条缝褶里都伸出一根微小的棘刺。这些棘刺宛如一个个引爆器，或更准确地说，是靠得太近的猎物引爆了海葵体内的化学物质，缝褶里的棘刺猛烈炸开，刺穿猎物身体，或将猎物死死缠住、射入毒液。

顶针大小的软珊瑚和海葵一样，也垂挂在岩架底部。潮水退去，它们的身体无力地向下垂，湿漉漉地滴着水，丝毫看不出被海水充盈时的鲜活和柔美。接着，从软珊瑚群的无数孔隙中，这小小的管状动物伸出触手。珊瑚虫将身体推向潮汐，捕食潮水带来的各类小虾、桡足类和经历了多次变形的幼虫。

软珊瑚又名"手指珊瑚"，不像"远亲"造礁石珊瑚那样分泌石灰质杯状物，而是以石灰质针状物将基质加固，构建栖息群落。软珊瑚的骨针虽然微小，但在地质学上却意义非凡。

在热带珊瑚礁海域，常被称为"海鸡冠"的软珊瑚总与造礁石珊瑚混居。随着软组织死亡、分解，坚硬的骨针成为微小的建筑材料，是珊瑚礁的组成要素。海鸡冠主要生活在热带海域，所以常能见到各种各样的海鸡冠在印度洋的珊瑚礁、海底平原上繁衍生息。但是，也有一小部分会冒险涉入极地水域。有一种体形硕大的海鸡冠，堪比成人高，像树木一样分杈，就生活在新斯科舍和新英格兰的离岸渔场。海鸡冠大多栖于深水区，大部分潮间带岩石区都不适宜它们居住，只有当大潮退至低处，低洼的岩架罕见且短暂地露出水面，它们才会聚集在岩架的隐蔽暗处。

在岩石裂缝中、盈水池潭里，或退潮后短暂裸露的岩壁上，粉色心形的水螅类动物——筒螅的群落，构成了一座座美丽的花园。在海水仍然漫覆之处，花朵一样的动物优雅地摇摆着长茎末端，伸出触手来捕捉微小的浮游生物。但是，或许还得在永远有海水滋养之地，它们才能恣意生长。我曾见过在码头桩、鱼漂和水下的绳索、电缆上，覆着一层密密厚厚的筒螅，竟完全看不出那底下的东西。它们宛如千万朵摇曳的花，每一朵只有小指头尖那般娇小。

在最后遇见的这丛爱尔兰藻底下，海底与之前所见截然不同。二者过渡十分突然，仿若中间有一条分界线，线的这一边，海藻陡然消失，一步便从柔软的棕色藻垫迈向了岩石一样的表面。若非颜色有异，这里简直就是火山岩斜坡——一样的寸草不生、荒凉贫瘠。然而，这一切只是表面假象。脚下岩石的每一面，无论垂直还是水平、裸露或是隐蔽，都覆有一层珊瑚藻外壳，因此呈浓厚的土红色。珊瑚藻紧紧附着在岩石表面，二者几乎融为一体。岩隙裂缝间，还有玉黍螺贝壳上的点点粉色。带有玫瑰色的岩石底部斜插入碧海，一直伸向视线最远处。

珊瑚藻别具魅力。它属红藻植物门，大多生活在沿海海域的深水区，由于色素的化学性质不稳定，因此身体组织和阳光之间需要有海水作为屏障保护。但是，珊瑚藻很能承受阳光的直射。珊瑚藻可以将石灰的碳酸盐吸收入身体组织，让身体变得更加坚硬。许多珊瑚藻会在岩石、贝壳和其他坚硬的表面上结成一块块坚硬的壳。壳薄而光滑，像是被涂了一层釉彩，不过偶尔也会因为小结节、小疙瘩变得厚而粗糙。在热带地区，珊瑚藻通常是建造珊瑚礁的重要材料，让各簇珊瑚的分支结构更为紧密结实。在东印度群岛不时可见，一望无际的潮滩上，布满了珊瑚藻色泽鲜艳的硬壳。印度洋的许多"珊瑚礁"，其实并非珊瑚所建，大多归功于珊瑚藻。在斯匹次卑尔根岛（Spitsbergen）的海岸附近，北境幽暗的水域底下，生长着巨型褐藻林，还有广阔的石灰质堤岸，绵延数英里，由珊瑚藻形成。这些植物不仅能在温暖的热带海域生长，也能在水温常年低于冰点的海域存活，它们的足迹从北极海域一直通向南极海域。

在缅因州海岸的岩石上，珊瑚藻画下一条玫瑰色的长带，好似在标记大潮落潮时的最低水位。这里难见动物出没。但尽管少有动物在这片区域公开生活，成千上万只海胆却毫不隐讳。它们不像在高处那般藏在岩缝或匿于石下，而是在或平坦或轻斜的岩壁上四仰八叉。好几十只海胆聚成一团，躺卧在珊瑚藻覆盖的岩石上，给玫瑰色的画布添上片片纯绿。我曾见过成群海胆就这样大刺刺地躺在岩石上，受海浪猛烈冲刷，但显然，它们用管足将身体牢牢锚定，任凭浪打浪卷，不动如山。也许，海胆在潮池和岩藻林里急切地将自己藏匿在岩缝裂隙中，躲避的不是汹涌的海浪，而是海鸥锐利的双目——每逢退潮，海鸥总会残酷无情地将它们掠杀。海胆毫不遮蔽地生活在这片珊瑚藻区，这片区域几乎总有一层海水覆盖保护，一年里，潮水落下这处水位的次数屈指可数。海水漫覆时，海胆上方的海水让海鸥无法靠近，因为海鸥虽能浅浅地猛插入水，却不能像燕鸥那般下潜，无法扎入比身长还深的水域。

低潮岩石带上的各种生灵，生命交织、紧密相依，它们既是捕猎者，也是猎物，物种间关于生存空间和食物的争夺亘古不休。但归根结底，总会有海洋来引导和调节。

海胆躲在大潮的低水位处逃避海鸥掠捕，但对于其他动物而言，它们同样是危险的捕食者。它们挺进爱尔兰藻区，藏匿在岩缝中，隐蔽于石檐下，吞食大量玉黍螺，甚至攻击藤壶和贻贝。无论在海岸的何处水平高度，海胆的数量都强有力地调节了其猎物的总数。和海胆一样，海星和厚壳玉黍螺这种贪吃的海螺，以群落聚集在近海深水区，掠食时才长途跋涉登上潮间带，每次要么细嚼慢咽，要么狼吞虎咽，酒足饭饱后才会离去。

贻贝、藤壶和玉黍螺等被捕食动物，在遮蔽海岸的处境变得艰难。它们生命力顽强，能极快适应环境，可以在潮汐的任一水平高度生存。但是在遮蔽海岸，除了零星个别，岩藻已将它们的群落挤出海岸高处的三分之二。低潮线附近往下，是饥肠辘辘的捕食者，因此这些可怜的家伙只能拘在贴着小潮低潮线水位的高侧。在这被岩藻遮蔽保护的海岸，数百万计的藤壶和贻贝聚集，岩石上遍布蓝色与白色的外壳。同样大批聚集的还有厚壳玉黍螺。

但大海的干预与调和，可以改变生命的排布。海螺、海星和海胆都生活在冷水区域。离岸海域寒冷幽深，从这冰冷水库涌出的潮汐流允许掠食者进入潮间带，大肆捕杀猎物。但若出现一层温暖的地表水，掠食者便被限制在寒冷水域的深处。当掠食者撤向深海，大批猎物也见风使舵，紧随其后，尽可能下潜至大潮低水位。

潮池深处也相当神妙莫测，海洋的壮美全在这微观尺度上得以细致呈现。有的潮池立于岩缝裂隙，向海一侧，裂缝消失于水下；朝陆一侧，裂缝则斜插入悬崖峭壁，越攀越高，在池中投下深深的倒影。有的潮池位于基岩盆地，向海一侧边缘较高，可以在最后一波退潮时将海水围住。海藻在池壁上整齐排列，当池外浪涛嘶吼咆哮，海绵、水螅、海葵、海蛞蝓、贻贝还有海星就安居池内，享受数小时宁静的海。

潮池有千面万象。夜晚，星星从上空滑过，留下一池星光，浩瀚星河皆映于池中。潮池中还有涉海而来的"星"：荧光点点的微小硅藻好似闪亮的翡翠；漆黑的水面上，小鱼缓缓游动，双眼闪闪发光，火柴棍般细长的身体几乎呈直立游动，小小的吻部向上翘着；还有随潮涨而来的栉水母，发出难以捉摸的烁光，宛如天上皎月。鱼儿和栉水母在基岩盆地的幽黑凹处猎食，但它们如潮水般来来往往，并不涉入潮池永驻居民的生活。

白日里潮池又是另一番景象。海岸高处零落着这世上最美的潮池。这种美不施粉黛，是色彩、结构和光影的素雅之美。有一处潮池，水深只有区区几英寸，却容纳了整片天空的高远，将遥远天空的瓦蓝悉数装入池中。潮池的轮廓以亮绿色的条带勾勒，其间海藻丰美，名为肠浒苔。肠浒苔的叶状体形态质朴，像软管或秸秆。陆地一侧的池壁，是一面一人多高的灰岩墙，高高跃过海平面，深深将倒影投入水中。水中悬崖更深远处，是更为悠远的天空。若逢阳光明媚、心旷神飞，俯瞰脚下蓝天，悠远辽阔，游人恐要踌躇再三，不敢轻易踏入这"无底深渊"。云在水中漂过，风在水面泛起涟漪，但旁的再无动静，潮池归于岩石，归于水草，归于天空。

近旁高处的一方潮池，绿色的管状海藻从整片池底攀升向上。潮池具有神奇魔力，超脱岩石、池水和水草的现实，将这些元素提取造出另一方幻境。池水不见池水，只见重峦叠嶂，林木错落，景色宜人。但并非让人错觉身在其景，而是身处画中。大自然像一位娴熟的画家，画笔一刷，树木却并非以藻类叶状体表现，而是画木不见木，像一片留白，供人想象。大自然以潮池作画，作品兼具形象与印象，可谓鬼斧神工，让人无尽畅想。

除了几只玉黍螺，还有零星几只琥珀色的小型等足类，高处潮池里几乎没有生命活动。由于海水持续匮乏，高处潮池的生存条件异常艰苦。日头炎热，池水温度可能也会上升许多。大雨让池水清新，艳阳让池水腥咸。水草的化学活性短时间内就能让池水的酸碱性发生变化。海岸较低处的潮池，生存条件更为稳定，比起在透水岩石上，动植物在这里的聚集地可以延伸至更高处。因此，潮池可以将海岸的生命区向上移高。但是，潮池也同样遭受海水缺失间隙的影响。高处与低处潮池的居民，境遇迥然不同，后者与大海总是长久地相聚，然后短暂地分开。

最高处的潮池几乎完全属于陆地；它们多存储雨水，只有风暴汹涌或潮涨浪高时，才偶有海水涌入。在海的边缘，狩猎的海鸥凌空飞起，将海胆、螃蟹或贻贝丢向岸上岩石，砸碎它们坚硬的外壳，露出壳内软肉。海胆壳、蟹爪或者贻贝壳的碎片残渣掉落潮池，在池水中分解，石灰质与水中的化学物质发生反应，池水变成碱性。但是，小型单细胞植物雪球藻却觉得这方水土很是安逸。雪球藻是微小的球状生命体，单单一个几乎难以被肉眼察觉，但数百万个雪球藻聚集在一起却能将高处潮池内的水染得血红。显然，碱性水为它们提供了必要的生存条件。别的潮池外表无二，只因没有碎壳偶然落入，池中便不见这猩红色的小球。

即使在面积最小的潮池，海水灌入的浅坑大不过一个茶碗，仍有生命存在。常能见到一群小小的海岸昆虫聚集在潮池里，薄薄的一层，其名为"龙尾跳虫"，是"出海的无翼小虫"。当水面平静无波，这些小虫子就在水膜上奔跑，轻快地从潮池的一头跑向另一头。可是，即便是最细微的涟漪也会让它们漂来荡去，望"洋"兴叹，所以只有当数十上百只小虫碰巧被水波凑到一块儿，才会叫人注意到，水面上漂着一片由龙尾跳虫组成的"薄叶"。单只龙尾跳虫渺小如蝼蚁，置于放大镜下，才能看见它好似身披一层蓝灰色的天鹅绒，绒上还立有许多鬃毛。当龙尾跳虫进入水中，鬃毛就会在它的身体周围裹上一层空气，所以它不必在潮涨时回撤上岸。龙尾跳虫包裹在闪闪发光的空气罩里，干燥舒适，还有空气呼吸，于是安心地隐于岩缝裂隙间，等待潮落。落潮后，它便攀上岩石，徘徊游荡，搜寻鱼、蟹、软体动物和藤壶的残骸，饱餐一顿。它是海洋的清道夫，促进了海洋资源的充分利用，维持着有机物质的循环。

海岸高处三分之一的潮池岩壁上，常常出现一排密密实实的棕色天鹅绒，用手指摸索探查，一张张像羊皮纸一样光滑的薄片便从岩壁上剥落下来。这是一种名为"褐壳藻"的褐藻，个头娇小，通常像地衣一样附着在岩石上，但有时，比如在这里，它也会将薄壳铺散在广袤的区域。但无论它长于何处，只要它存在，潮池的性质就会改变，因为它为许多小生灵提供了紧急避难所。这些小到可以从褐壳藻底下匍匐穿行的生灵，在坚固的海藻与岩石之间，寻得一处隐秘的孔隙，不必再惴惴不安，时刻担心被海浪冲走。望着这满池满壁天鹅绒般的褐壳藻，人们恐怕还以为此处鲜有生命栖息，唯有玉黍螺零星几只在这里觅食，外壳轻轻摇晃，刮擦着褐色的薄壳；或者，还有些许藤壶，打开掩门清扫海水、搜寻食物，椎体扎破了植物组织。但是，每当我带回一小簇褐藻样本，置于显微镜下观察，总能惊觉其间生命的蓬勃多彩。这里有大量圆柱形的小管，细如针尖，由泥土般的物质构成。它们由一只只小蠕虫搭建，蠕虫的身体由十一个微乎其微的小环或小节串成，一个叠着一个，就像将西洋跳棋的十一个棋子摞在一起。蠕虫头部还有一面扇形的羽冠，冠上的羽毛丝细若秋毫，为这其貌不扬的小蠕虫增添了几分华美。羽毛丝用于吸收氧气，伸出细管后，还可以用来诱捕小猎物。栖居在褐壳藻薄壳的微动物群中，还时常有一种叉尾甲壳类，红宝石般的双眸流光溢彩。甲壳类的亚纲介形类，裹着一层扁扁的桃红色外壳，壳子分为两部分，像一只带盖的箱盒。壳中伸出长长的附肢，像小桨般在水中划动。但群落中数量最多的，还属在薄壳中疾速穿行的微小蠕虫：各种各样的分节鬃毛蠕虫，还有身如蛇形、表皮丝滑的带

状蠕虫 ①，它们外表张扬、身形矫健，暴露了正在执行的捕猎任务。

潮池不必太大，就能在清冽的池底常驻美景。印象中，有一处潮池位于极浅的洼地，我在池边的岩石上伸展四肢时，甚至一够便能够到潮池的另一边。这处袖珍潮池大约位于潮间带潮线之间，目之所及，只有两种小生命在此栖居。池底铺满贻贝，壳的颜色柔柔淡淡，像云雾中远山的青黛，它的存在让人错觉池底似是更深。池水如此清澈，池中生命宛如在空中无所依靠，只有指尖的一阵冰凉，才让人惊觉空气与池水的分界。晶莹剔透的池水里日光盈盈。日光下澈池底，光辉在池水中更为灿烂；它折射在玲珑可爱、绮丽璀璨的贝类上，散发出辉煌耀眼的光芒。

对于潮池中唯一可见的另一种生命而言，贻贝是它唯一的依靠。那是一种名为"桧叶螅"的水螅，触手细若游丝，附着在贻贝壳上的螅根几乎微不可见。每一只桧叶螅的躯干，以及用于支撑和连接的茎，都被包裹在透明的围鞘中，好似冬日里银装素裹的一棵小树。螅根上长有许多直立的茎，每根螅茎上都挂有两排透明的杯形鞘，里面住着小巧玲珑的水螅体。桧

---

① 带状蠕虫又称"纽虫"。——译者注

叶螅散发着一种易碎的美。当我躺在池边用放大镜观察，水螅的模样便更为清晰——宛若一块被精细切割的玻璃，或者繁复华丽的水晶吊灯上，一片晶莹的配件。杯形鞘中的每只小家伙都像一只娇小的海葵——小小的圆管上竖着一顶触手王冠。水螅的子茎与主茎经中央腔相互连通，因此群体中任一水螅体捕食消化后，都可通过中央腔将营养输送到其他个体。

那么，桧叶螅又是以何为食呢？它们的数量已是不胜枚举，所以无论它们以何种生物为食，其数量必然要比食肉的水螅体多得多。然而池中似是空空如也。显然，它们的食物一定微乎其微，因为进食的垂唇，直径不过针线大小，垂唇上的触手更是细如蛛丝。在如水晶般晶莹剔透的潮池里，似乎隐约可见细小微粒形成的薄雾，仿若阳光下悬浮的尘埃。但定睛一看，微粒消失了，潮池仍一如既往的澄净，仿佛刚才的一切不过是被阳光刺得眼花目眩。然而我知道，是因为人类的视力还不够敏锐，我才无法用肉眼看见这微小的群落，才无法看见那些四处游走、严密搜查的触手奔向的猎物。此刻，比起看得见的生命，那些看不见的更是牢牢抓住我的思绪，在我看来，微不可见的它们才是这池中最强大的存在。尽管渺小如沧海一粟，水螅和贻贝可都完全仰赖这被潮水冲上岸的浮游物为生：贻贝被动地过滤浮游植物，水螅则是主动猎获、诱捕微小的水蚤、桡足类和蠕虫。所以，如果浮游物数量锐减，如果涌入的潮水不知怎么的，将这小生命悉数卷走，这将化为一潭死水——无论是蓝色外壳堆积如黛山的贻贝，还是水晶般剔透的水螅群落，都将面临灭顶之灾。

岸上最秀美的潮池，通常不会被漫不经心的游人注意到。它们需要你留心寻找——或许是在杂乱无章的巨石堆底下，一处低洼的盆地；或许是在突出的岩架底下，一个黝黑的凹坑；又或许是在海藻密密实实的幕帘之后，被悄然遮掩。

我曾寻着一处这般隐秘的潮池，它位于一个海蚀洞。潮落时，洞底三分之一仍有潮水注入；潮涨时，水位不断上涨，水潭体积不断膨胀，直到整个洞穴都被海水灌满，直到洞穴岩丘都被潮水覆盖。低潮时，可以从陆地一侧走近这洞穴。洞底、洞壁、洞顶皆有巨石构成，仅能通过几处开口穿过——两处是靠近海洋的洞穴底部，一处是朝向陆地的洞壁高处。人们可以趴伏在岩石洞口，透过这低矮的门槛一瞥洞穴内部，一瞥洞底的潮池。洞穴并非一片漆黑；晴朗的日子里，洞穴还泛着凉爽的绿光。这柔和的光芒，原是从池底低处开口射入的阳光，但唯有下澈潮池，阳光才会发生变化——洞底海绵赋予了它至纯至柔的鲜活之绿。

从光照进的洞口，鱼儿自海中游入，它对绿色的洞厅探寻一番，又再次启程游向更广阔的水域。也是从这低矮的洞口，潮水涌入又退出。无形中，海水带来矿物质——让洞中生物生机盎然的化学原料。无形中，海水还带来了诸多海洋生物幼虫，它们随波逐流，苦寻落脚之处。部分幼虫可能留下定居，别的则随着下一波潮汐离去。

俯瞰这洞壁环绕的狭小世界，洞外辽阔的海洋世界的节律，仿佛也击打在耳边。池水永不平静，潮汐的涨落让它缓慢起伏，海浪的律动则让它剧烈跌宕。海水回流将池水猛拽向大海，洞中水位急速下落；随即，海浪又突然掉头，翻涌的潮水激起层层泡沫，击飞的浪花几乎溅到人的脸上。

潮水涌向洞外时，低头可见洞穴的底部，池水渐缓渐浅，底部细节也逐渐清楚。大半池底都被碧绿的面包屑软海绵覆盖，形成一块厚厚的地毯，它是由坚韧细小的毡状纤维与光亮透明的双头尖硅针交织缝合而成。而这硅针，便是海绵的骨针，海绵的骨架支撑。地毯的绿，是来自叶绿素的天然纯绿。这种植物色素仅存在于藻类的细胞中，而动物宿主的组织中遍布这种细胞。海绵紧紧附着在岩石上，它光滑平坦的身体证明了巨浪流线塑形的能力。在平静无波的水域里，海绵会长出许多外突的椎体；但在这里，这样的外形只能被湍急的海水捏碎、撕裂。

纯绿色的地毯上有几块突兀的斑点，呈深芥末黄，像是硫黄海绵的身影。当洞中海水被大量排出，这转瞬即逝的间隙里，人们得以一窥洞穴最深处那一抹幽丽的蓝色——它属于硬壳珊瑚藻。

海绵和珊瑚藻共同构成了潮池中更大型动物的生活背景。在寂静的退潮时分，即便是惯常巧取豪夺的海星也几乎纹丝不动。它们紧紧贴附在洞壁，宛如一个个被漆成橙色、玫瑰色或紫色的装饰品。洞壁上还生活着一群大海葵，其杏色在绿色海绵的映衬下格外鲜艳。此刻，海葵或许全都黏附在潮池的北壁上，看起来一动不动、稳若泰山；但等到下一次大潮时节，我再来此处，一部分海葵可能便已挪至西边的洞壁，安营扎寨，然后再一次地纹丝不动。

种种迹象表明，海葵群落繁荣兴旺，并将持续蓬勃生长。洞壁和洞顶上聚集着一大批海葵宝宝——小小的软组织堆积成山，晶莹闪亮，呈半透明的淡棕色。但海葵群落真正的"育婴室"，或是在通往中央洞穴的前厅。那里有一处不足 1 英尺宽、近似圆柱形的空间，四周是高岩垂壁，上面攀附着成百上千只海葵宝宝。

洞顶简洁有力地展示着海浪的汹涌肆虐。海浪涌入密闭空间，纠集排山倒海之力前赴后继，奔涌向上，一步一步对着洞顶横冲直撞。我所趴伏的这处洞口，让顶部免于遭受海浪向上跳跃的冲毁之力，但尽管如此，能在此处栖息的居民，只有可以承受澎湃浪潮的动物。这是一幅黑白相间的马赛克——黑的是贻贝壳，壳上生长的白是藤壶椎体。不知何故，藤壶在饱受海浪侵袭的岩石上扎根驻营已相当游刃有余，却无法直接立足于洞顶，反而贻贝做到了。虽不知确切原因，但我猜想，在退潮之际，幼小的贻贝爬行在潮湿的岩石上，纺出足丝将身体牢牢绑在一起，当潮水翻涌而来，贻贝宛如一艘在暴风雨中被锚定的船帆。也许长此以往，不断扩张的贻贝群落，就为藤壶幼体提供了比光滑岩面更为牢固的立足点，于是，藤壶得以牢牢附着在贻贝壳上。但无论这一切究竟如何形成，这就是它们现在呈现的模样。

当我趴在洞口，向潮池张望，海潮一波已平、一波未起的间隙里，亦有些许静谧。静谧里响起细微的声音：水滴从洞顶贻贝上滴落的叮咚声，或从岩壁海藻间滑过的哗啦声——银白色的小水珠四下飞溅，最终消失在潮池的浩渺中，消失在潮池的低语里——潮池永不寂静。

抚过掌状红皮藻深红色的掌状叶子，拨开身下洞壁上覆盖着的爱尔兰藻的叶状体，我发现了一种无比娇嫩的小生命，甚至不由得好奇，当狂暴的海浪在狭小的洞穴中肆虐，这样娇弱的生命如何能在洞穴中生存?

附着在岩壁上的,是苔藓虫的薄壳。数百个微小瓶状细胞组成的结构,如玻璃般脆弱易碎。细胞一排排整齐列着,构成了连续的淡杏色外壳。它的生命似乎稍纵即逝,躯体一碰即碎,就像日出前最后的白霜。

薄壳上有一种小生命在活蹦乱跳,它形若蜘蛛,腿又细又长。或许是它身下食物的缘故,小家伙的颜色与苔藓虫一样为杏黄。它名为"海蜘蛛",仍是一副弱不禁风的模样。

另一种毛发粗糙、直立生长的苔藓虫,名为"放射虫",会从基垫上长出小小的棒状凸出物。同样地,遍布石灰质的杆状身体看上去透明易碎。不计其数的小线虫纤细如发,在放射虫间上下攀爬、蜿蜒折行。贻贝宝宝也在默默爬行,对这崭新的世界进行初步探索,它想要寻一块牢固的附着地,再用细长的足丝将自己牢牢固定。

透过放大镜,我在海藻的叶状体上发现了许多小海螺。其中一只,显然刚出生不久,纯白的外壳上还只形成了第一圈螺纹,随着它慢慢长大成熟,壳上的螺纹也会越来越多。另一只个头不比它大,但年纪更长,闪亮的琥珀色外壳像圆号般盘绕。我正注视观察,壳里的小家伙忽然迟疑地伸出了它的头,似乎正在用它那双针尖小点一样的黑眸,谨慎地打量着周围。

但这里最脆弱的生物，看来还是海藻中随处可见的小型钙质海绵。它们形成了大量向上凸起的微小管状物，像是一个个玲珑袖珍的花瓶，每个不到半英寸高。每一面管壁上都布满细丝网，像是织女浆纱制成的蕾丝网。

明明指尖稍一用力，这些脆弱的结构就会被一一碾碎，但不知何故，它们居然设法在此处安然栖息。当激流汹涌，海浪的轰鸣声响彻洞穴，它们仍然波澜不惊。或许海藻便是拨开迷雾的关键，它们的叶状体富有弹性，在奔流猛撞之际，为上面娇小脆弱的生灵提供了足够的缓冲。

钙质海绵虽微小脆弱，却为整个洞穴以及潮池赋予了独特的观感——寒暑相推，转眼又是几载。夏季干潮时节，每日里我探访潮池，它们似乎都一成不变——七月如此，八月照旧，九月依然如故；今年如旧年，它们大概会百世不易，即便历经百个千个夏天。

自第一批海绵在远古岩石上铺散，从原始海洋中汲取食物，亿万年过去，海绵的结构原封未动，仍然是那样简简单单。此处海岸形成之前，覆盖在这洞底上的绿色海绵原是生长在别的潮池中；远在 3 亿年前的古生代时期，第一批生物登上海岸，海绵便已存在良久；甚至在最早化石记录出现之前的蒙昧时期，海绵已然存在。因为在寒武纪时期形成的含有化石的岩石中，已经发现海绵组织消逝后唯一留下的，那小小的、坚硬的骨针。

所以，在这隐秘的洞室之中，时间的声响回荡不息，从远古穿梭至今，而这亿万光年亦不过弹指之间。

凝望间，一条鱼儿游入洞中，从向海一侧岩壁上的低处开口，进入了潮池，绿光中多了一道倩影。与远古时期便已存在的海绵相比，鱼几乎可以看作现代的标志。对鱼的祖先世系追溯，其历史渊源也不过海绵的一半久远。但在我看来，它们几乎一样古老，而我只是初来乍到。人类祖先在地球上的历史是如此短暂，以致我此刻卧于此处，心生时空交错之感。

当我伏在洞口，思绪万千，一阵涌浪翻腾，漫过我趴伏的岩石。潮水上涨了。

# 第四章　沙质海岸

在海的边缘，尤其是伫立在宽广的沙质海岸上，周围是连绵不断的风成沙丘，一种远古的气息萦绕着，那是新英格兰年轻的基岩海岸并不具备的。这气息也有几分来自地球的从容，它不疾不徐地思考着演变的进程，无穷无尽的岁月供它使用。不同于在新英格兰，突如其来的海水涌进山谷，巨浪撞击陡峭的山峰，在这里，海洋与陆地的关系，经由数百万年才逐渐形成。

在那漫长的地质时期，海水在大西洋沿岸平原上起伏涨落，悄悄逼近远处的阿巴拉契亚山脉（Appalachians），稍作停留，又缓缓退离，有时甚至会一路退至海盆；每前进一次，海水裹挟的沉积物就像雨点般砸下，在广阔无垠的平原上留下海洋生物的化石。所以，当下海平面的位置对于地球历史或沙滩本身来说，不过须臾一瞬——不论再高100英尺，还是再低100英尺，海水一如眼下，在闪闪发亮的沙滩上从容起伏。

构筑沙滩的材质，原本就充满着远古的气息。沙这种物质，美丽、神秘、变幻莫测；沙滩上的每一粒沙，都可以追溯至生命甚至地球的混沌初始。

海岸的沙粒大多源自岩石的风化和腐烂，又经雨水、河流从陆地冲刷至大海。岩石被缓慢侵蚀、运往大海的进程，时断时续，它们在这过程中命运各异——有的被落在了半路，有的被磨损，甚至消失无迹。山间的岩石缓慢而渐进地腐烂、分解，沉积物源源不断地增加——或因岩石滑坡猛然骤增，或因流水侵蚀无声缓进。所有沉积物都将前往大海。有的会因为流水的溶蚀或河床激流的碾磨崩解消失；有的被洪水冲上河岸，静置百年、千年之后，埋首在平原的沉积物中。也许再过百万年之后，海水会涌入平原，又退回海盆。最终，它们会在雨水风霜的不断侵蚀下，继续向着大海前进。一旦进入咸水，新一轮的整理、分类和运输就又开始了。诸如云母薄片等轻矿物，几乎立刻就被转移；而钛铁矿、金红石的黑砂等重矿物，则被狂暴的浪涛席卷，砸向海滩。

没有一粒沙子可以在一处地方驻足停留。沙的体积越小，就越容易被长途搬运——流水运走其中较大的沙粒，风则吹起较小的。一粒沙的平均重量只有同等体积水的 2.5 倍，但却比同等体积下的空气重 2000 多倍，因此风只能运走小沙粒。但是，尽管风和流水夜以继日地搬运着沙，海滩的变化每日却不易察觉，因为当一粒沙子被搬走时，通常会有另一粒沙子被运回来代替它。

海滩上的沙大多由石英构成，石英是沙中含量最丰富的矿物质，几乎在各类岩石中都能发现它的存在。但在沙子的晶粒里还含有其他多种矿物质，一小份沙子样本可能蕴藏着十余种矿物碎片。经过风力、水力和重力的分选作用，颜色较深、质量较重的矿物质可能会在浅色石英的表面上形成斑块。所以，沙滩上可能会出现一种奇特的阴影，随风移动，堆积隆起，形成更为深色的小山脊，仿佛波浪翻起的涟漪——那意味着沙中的矿物质几乎全为石榴石。有时也可能出现墨绿色的斑块，这是海绿石的杰作。海绿石源于大海的化学作用，以及生物和非生物之间的相互作用，是一种含钾硅酸铁，在所有地质时期的沉积物中都能找到它的身影。有理论认为，它形成于如今为温暖浅海的海床，那里有一种名为"有孔虫"的微小生物在泥泞的海底聚集、分解。在夏威夷的诸多海滩上，源自黑色玄武质熔岩的橄榄石沙粒，倒映着地球内部的阴郁昏暗。在佐治亚州的圣西蒙斯岛（St. Simons Island）和萨佩洛岛（Sapelo Island）的海滩上，由金红石、钛铁矿和其他重矿物质组成的"黑砂"随风吹积，随水流动，留下一片片深色的斑块，与较轻的石英形成明显区分。

世界上部分地区的沙滩，几乎全为生前含有石灰硬化组织的植物遗体，或海洋生物的钙质贝壳碎片。比如，在苏格兰海岸，海滩上到处都是晶莹洁白的"珊瑚藻"沙粒——那是生长在近海海底的珊瑚藻被搁浅在岸上的破碎残骸。在爱尔兰戈尔韦（Galway）的海岸，沙丘上的沙由多孔碳酸钙微球构成，那是曾在海里漂浮的有孔虫的壳。有孔虫的生命虽然短暂，但它们建造的壳却经久不衰。壳漂到海底，被压实为沉积物，然后沉积物被抬升成悬崖，悬崖被侵蚀后又再次回归大海。有孔虫、软体动物的壳，还有珊瑚残骸，也出现在佛罗里达南部和礁岛群的海滩上，受海浪粉碎、研磨、抛光。

从东港到西礁岛，美国大西洋沿岸的沙滩从其变换的性质中，揭示出沙滩不同的起源。北部沿岸以矿砂为主，因为海浪仍在分拣、重排数千年前北方冰川崩塌产生的岩石碎片，将它们从一处运往另一处。新英格兰海滩上的每一粒沙，都有一段漫长而辉煌的历史。在成为细沙之前，它曾为磐石——被冰霜的斧刃凿得四分五裂，被前进的冰川压得粉碎，跟随缓慢移动的冰川一同向前，然后被涛浪的铣刀碾磨抛光。在冰川移动前的漫长岁月里，有些岩石被地底的火焰融为液体，顺着深处的管道与缝隙，从地球内部升至地表，无声无息地暴露在阳光之下，其间历程，大多鲜为人知。此刻，在它一生历程中的这一时刻，它属于海的边缘——被潮水卷上海滩，又拉回海洋，或随着洋流沿海岸漂荡。日复一日，它被筛选、分类，被压实、冲刷，或再次漂流，就像无休无止在沙滩上起伏的海浪。

长岛上，大量冰川矿物积聚，那里的沙中含有许多粉色、红色的石榴石，黑色的碧玺，以及磁铁矿颗粒。新泽西州是最早出现南部沿海平原沉积物的地方，沙中磁性物质和石榴石较少。巴奈加特（Barnegat）、蒙茅斯海滩（Monmouth Beach）和开普梅的沙中，则分别多为烟晶、海绿石和重矿物。绿柱石随处可见，那是熔岩浆将深埋地底的远古地球的物质带到地表，形成结晶。

在弗吉尼亚州的北部，只有不到 0.5% 的沙子是碳酸钙；在南部，含有大量碳酸钙的沙子则有约 5%。在北卡罗来纳州，尽管构成沙滩的主要物质仍是石英砂，但钙质沙，或贝壳沙的数量骤然增加。在哈特拉斯角和瞭望角（Cape Lookout）之间的海滩，多达 10% 的沙为钙质。在北卡罗来纳州，也有一些奇特的矿物质在当地堆积，比如硅化木——在赫布里底群岛，埃格岛（Island of Eigg）著名的"歌吟沙滩"上也含有这种物质。

佛罗里达的矿砂并非源自当地，而是来自佐治亚州、南卡罗来纳州的皮埃蒙特（Piedmont）、阿巴拉契亚高地的岩石风化。岩石的碎片，被南向的溪水、河流携入大海。佛罗里达墨西哥湾沿岸地区的北部海滩上，几乎全为石英，由山间落入海平面的晶粒组成，在那里堆积出一片雪白平原。四下里，威尼斯（Venice）海滩闪耀着奇异的光芒，那是锆石晶体像钻石一样撒落在沙滩上；而且不时还洒有星点蓝色，那是玻璃一样的蓝晶石颗粒。在佛罗里达州东海岸，漫长的海岸线几乎全被石英砂占据，正是这些坚硬的石英颗粒建造了著名的代托纳（Daytona）海滩。但一路向南，晶砂中逐渐混杂着愈来愈多的贝壳碎片。临近迈阿密的海滩上，只有不到一半的沙是石英；在塞布尔角和礁岛群，沙粒几乎完全来源于珊瑚、贝壳和有孔虫的残骸。沿着佛罗里达的东海岸，海滩吸纳了少量火山岩物质，那是漂浮的浮石碎片随着洋流流浪了数千英里，最终搁浅上岸，变成了细沙。

沙粒虽然微小，但它的形状和纹理却能反映出它的过往。风运的沙粒往往比水载的更为圆润；而且，由于受到气流中其他颗粒的磨损，风运沙粒的表面呈现出磨砂效果。这种效果还出现在海边的窗玻璃，或者海滩的旧瓶子上。蚀刻在远古沙粒表面上的痕迹，可能会告诉我们过去气候的信息。在欧洲，更新世岩砂的沉积物中，沙粒的表面被冰河时代曾吹蚀过冰川的狂风刻下一层霜花。

人们总说坚如磐石，固若金汤，可即便是最为坚硬的岩石，在经受雨水、霜冻或海浪侵袭时，也会破碎、磨损。但一粒沙子几乎是坚不可摧的。它是海浪翻涌拍打的最终产物——

历经多年研磨和抛光，微小而坚硬的矿物内核仍然坚挺。细小的湿沙之间几乎严丝合缝，每粒沙子都通过毛细引力在自身周围附着一层水膜。由于这层缓冲水膜的存在，沙子几乎不会再受到更多磨损。即便是汹涌涛浪的击打，也无法将两颗沙粒揉搓到一起。

在潮间带，微小的沙粒世界，也是不可思议的微小生物的王国。它们在包裹着沙粒的水膜中游来游去，就像鱼儿在包裹地球的海洋中遨游。生活在毛细水中的动植物群里，有单细胞动物、植物，水螨、虾状甲壳类、昆虫，以及极其渺小的蠕虫幼虫——它们全在这个微小到人类感官无法感知的世界里生活、死亡、游泳、进食、呼吸、繁殖。在这个世界里，将两粒细沙分隔开的微小水滴，宽广得就像深不见底的海洋。

并不是所有沙滩上都存在这种"填隙式动物群"。它们通常广泛聚集在由结晶岩风化而来的沙粒间，而很少有桡足类或其他微小生物出现在贝壳沙、珊瑚沙中；或许这表明了，碳酸钙颗粒会对包裹生物的水膜造成有害的碱性环境。

无论是哪一处海滩，沙粒间所有微小水池的总和，都意味着低潮期时可供沙中动物生存的水量。中等粒度大小的沙子，几乎能容纳与其体积相当的水量，所以在退潮时，暖和的阳光只能晒干最上层的沙子，而底下仍然潮湿凉爽，因为储藏的水分几乎可以让深层沙子保持恒温。甚至盐度也相当稳定；只有最表层的沙会受到落在海滩上的雨水，或流过海滩的淡水影响。

乍看之下，海滩上只有海浪刻下的层层涟漪，海浪最终疲乏时留下的纹路精美的细沙，以及早已死去、四处散落的软体动物的壳，毫无生命迹象，似乎这里不仅荒无人烟，更是不毛之地。所有生命几乎都隐藏在沙里。大多数时候，察觉海滩居民的线索，就是它们蜿蜒前行的足迹，扰动上层沙粒的轻微动作，微乎其微的须管，以及通向隐秘洞穴的暗处开口。

将海滩拦腰切断的深沟，与海岸线平行。当潮水从海岸退下，还未返回海岸时，沟壑可存储几英寸深的海水。在这里，即便动物本身不见踪影，仍能看见生命的踪迹。一座小小的、移动的沙丘，底下可能藏着一只正在捕食的玉螺。"V"型的行迹，可能意味着这里居住着潜泥蛤、海毛虫、心形海胆；而平整的带状印痕，或许能带我们找到埋潜的沙钱或海星。原本被海水淹没的沙地或滩涂，一旦裸露在潮汐的间隙，上面必然布满数百个孔洞，那是幽灵虾出没的影迹。有的沙地上密密麻麻全是外伸的管子，管子像铅笔一样细，上面还别出心裁地饰以贝壳或海藻的碎片，这表明有一群多毛类蠕虫——巢沙蚕，正栖息在底下。有的沙地上，可能会出现一大片黑色的锥形沙丘，那是沙虫的驻地。有时在潮水的边缘，会有一连串羊皮纸质的小囊，一端裸露于天地间，一端消失在沙地里，那是一种大型掠食性海螺正栖于底下，忙着持续产卵、保护幼卵。

遗憾的是，生命的本质——寻找食物、躲避天敌、捕捉猎物、生育后代，以及围绕海滩动物生存繁衍的种种要素——被人们屡屡忽视，他们只是轻飘飘地望了一眼沙滩，便信口称这里荒凉贫瘠。

记得十二月一个清冷的早晨，我在佛罗里达州的万岛群岛，那时潮水刚落不久，沙滩潮湿泥泞，清爽的海风沿着海滨扬起星点浪花。从墨西哥湾至海湾掩蔽处，海岸呈一条长达几百米的弯弧，此处海岸上方的深色湿沙上有着奇特的印迹。这些印迹成组排列，每组都从中心呈放射状地延伸出一串如蛛丝的细线，就像是有人拿着一根细木棍歪歪扭扭画出来的。乍看之下，不见任何动物的踪影，也不知这看似漫不经心的涂鸦是谁的大作。于是，我跪在潮湿的沙滩上，仔细地观察着一个个奇特的印迹，原来每个中心点底下都有一个蛇海星的五角圆盘。沙地上的痕迹是它细长的手臂划下的，那是它前行的轨迹。

然后，我又想起六月的一天，我在北卡罗来纳州博福特镇附近的飞鸟滩（Bird Shoal）涉水，退潮时，数英亩①宽广的沙床表面上，水只有几英寸深。靠近海岸处的沙滩上，有两条泾渭分明的沟槽，约有食指宽。沟槽之间，有一条模糊、不规则的线轨。我被线轨一步步牵引着穿过沙地，最终在轨迹的尽头，找到了一只年幼的马蹄蟹，它正朝着大海游去。

对于多数栖息在沙滩上的动物而言，生存的关键是要在潮湿的沙地上掘洞，以及在海浪无法袭击之地有办法觅食、呼吸和繁殖。所以，在某种程度上，沙的故事同时也记载着生活在沙子深处的微小生命。它们在黑暗、潮湿、阴冷的沙子底下，搜寻到一处安身之所，可以躲避随潮而来的鱼类，及落潮时在水边觅食的鸟类。一旦从沙地表层向下潜，掘洞者找到的这处避难所，不仅环境安稳，还很少会撞上天敌。少有动物能够从沙地表面下探觅食。不过，鸟儿可以将长喙伸进招潮蟹的洞里；黄貂鱼可以沿着沙底拍打，从沙中翻找出躲藏着的软体动物；章鱼也可以将触手探入洞中。只有一种天敌——玉螺偶尔会在沙底穿行。玉螺是一种掠食性动物，它以这种艰难的方式成功存活了下来。它没有视力，因为没有这个必要，它永远摸索在漆黑的沙滩上，捕食栖息在水面之下1英尺的软体动

---

① 1英亩约为4046.86平方米。——译者注

物。当它用巨大的斧足掘沙时，光滑圆润的外壳可以让它轻易落入沙中。一旦确定了猎物所在，它就用斧足控制住猎物，然后在壳上钻一个圆洞。玉螺贪吃成性，一只幼年玉螺每周吃掉的蛤蜊重量就可以超过它体重的三分之一。一些蠕虫，以及少数海星，也同样是掠食性的穴居动物。但对大多数捕食动物而言，连续挖洞所消耗的能量，毕竟比它们能找到的猎物所提供的还要多。大多数穴居在沙里的动物都是被动进食，它们挖出的洞只够支撑一个临时或永久的居所。它们只躺在洞穴里，从海水中汲取食物，或者抽取海床上堆积的碎屑。

涨潮将生物过滤系统激活，有了它，大量海水可以被过滤掉。潜埋在沙中的软体动物，将虹吸管向上推出沙子，把涌入的海水吸进身体。躺在"U"型羊皮纸质管子中的蠕虫，也开始泵水，从管子的一端将水吸入，再从另一端排出。吸入的海水为它们带来食物和氧气；排出的水流中食物已所剩无几，并带走了蠕虫的有机废物。小蟹捕食好似打鱼，会将触角上的羽状毛网撒开。

掠食者随潮涨自近海而来。一只胖墩墩的鼹蟹正张开触角，过滤回流的海浪；一只蓝蟹冲出涛浪，一举将它抓住。一群咸水小鱼随潮水涌来，寻找海滩高处的小型片脚类动物。沙鳗在浅水中穿梭，寻找桡足类或鱼苗；有时，大鱼的身影就在它们身后追赶。

潮落后，这些非常行动就大幅缓停了，无论是猎物还是食物，都已减少。然而，在潮湿的沙滩上，一些动物即便在潮退后仍然可以继续进食。沙虫可以继续将身体钻入沙土里，因为里面还残留着营养物。心形海胆和沙钱，躺在水分充沛的沙土里，继续挑拣食物碎片。但对于大多数海滩而言，此刻都进入了饱食后的倦困——安静地等待着下一次潮涨。

虽然，这世上有那么多安静的海岸、祥和的浅滩，有那么多地方能见到这般多彩绚烂的生命，但其中一些刻在我的记忆里，格外清晰。佐治亚州的一座海岛上，有一处绝妙的海滩，虽然与非洲正对相望，但只有最温和的海浪才能到访。风暴总是过而不入，因为海岛位于恐惧角（Cape Fear）和卡纳维拉尔角（Cape Canaveral）之间内弯的长弧形海岸内，盛行风不会掀起在海岸上翻滚的巨浪。淤泥、黏土与沙子混合，让海滩的质地异常坚固；沙滩上可以掘出永久的孔穴和地洞，潮汐涌入在海滩上刻下的斑驳涟漪，即便潮退后仍然存在，看着好似微缩的海浪。沙纹里还留有流水没有带走的细小食物颗粒，供食腐质动物享用。海滩的坡度极缓，当潮水退至最低点，潮间带上裸露在空气中的沙地可达四分之一英里。但这片广阔的沙地并非一马平川，因为蜿蜒的沟壑横贯其间，就像溪流横跨大地，里面储存着上一次潮涨残留的海水，为无法忍受退潮间隙的动物提供栖息地。

正是在此处，我曾在潮水的边缘偶然寻见一大片海三色堇的"温床"。那日乌云密布，所以它们暴露在外。阳光明媚的日子里，它们从未在此处现身，但它们那时一定就藏在沙子底下，躲避干燥的阳光。虽然它们娇小无比，很容易被行人忽略，但那日，我还是瞧见它们扬起粉红、淡紫的俏颜，大大方方地立于沙地表面。即便我看见并认出了它们，但在海的边缘发现这样像花朵的生物，仍觉得格格不入。

这些扁平、呈心形，将短茎挺举在沙滩上的海三色堇，其实并非植物，而是动物。它们和水母、海葵、珊瑚等结构单一的动物一样，但要找到它们的近亲，就得离开海岸，走到近岸的海底深处，在那里，海三色堇像蕨类植物一样，将长长的茎扎入柔软的淤泥，在奇异的动物森林里苗壮生长。

每一朵生长在潮汐边缘的海三色堇，都曾是被洋流卷上海岸的微小幼虫。但是，在各自的生长过程中，海三色堇已不再是最初的单一个体，它们聚集成群，合为一体，形若花朵般挨挨挤挤。形态各异的个体或水螅，都有小管扎根在肉乎乎的群落里。但有些小管长有触须，看起来就像小小的海葵，它们为群落捕猎食物，并在适宜的时节生成生殖细胞。有些小管没有触须，它们是群落的工程师，负责摄取水分和控制水流。改变水压的液压系统指挥群落的移动，当茎变得肿胀，茎会向沙地下压，将群落主体拉入沙中。

当上涌的潮水流淌过海三色堇，所有觅食的水螅都将触须伸出，伸向在水中蹦跳的小生灵——桡足类、硅藻和细如纤丝的鱼类幼体。

入夜，浅浅的海水在平坦的沙地上轻轻荡漾，数百盏小灯闪烁着柔和的光，标示着海三色堇生活的区域。光点呈蛇形分布，就像在夜间航班上俯瞰到的公路沿线蜿蜒的居民点，因为海三色堇和它的深海近亲一样，都会散发美丽的幽光。

繁殖时节，潮水扫过海岸，带来许多梨形、会游泳的微小幼虫，这些幼虫将发育成新的海三色堇群落。在遥远的过去，洋流一路携着幼虫，穿过分割南北美洲的开阔海域，幼虫于是在北至墨西哥、南至智利的太平洋沿岸定居下来。然后，一座陆桥横贯美洲大陆，关闭了海上公路。如今，生活在大西洋和太平洋沿岸的海三色堇，不断提醒着人们，在过去的地质时代，北美洲和南美洲是分隔开的，海洋生物可以自由地在大西洋、太平洋之间往返出入。

在低潮线边缘的湿流沙中，我时常能看见沙地底下不断冒出气泡，那是沙中的居民正在它隐秘的地洞里滑进滑出。

　　沙钱，又被称为"锁孔海胆"，薄如煎饼。当沙钱将身体埋入沙里，它的前部边缘可以毫不费力地从充满阳光、海洋的世界，斜入人类感官一无所知的幽暗领地。为了更好地掘洞和抵御海浪，沙钱体内的壳被支撑柱加强。支撑柱占据着上下壳层之间的大部分空间，只留有圆盘的中心。沙钱的身体表面包裹着细小的棘刺，柔软如毛毡。棘刺在阳光下闪闪发亮，因为它们的摆动可以产生电流，让沙粒保持流动，从而更方便沙钱从水里钻进沙中。圆盘的背面模糊地印着一朵五瓣花。"五"是棘皮动物的标志，沙钱也不例外，它有五个穿过扁平圆盘的孔洞。当沙钱在表层沙土下行进时，沙粒从沙钱下方通过孔洞向上移动，帮助沙钱向前移动，并在它的身体上方掩上一层细沙。

　　幽暗的沙底世界里，除了沙钱，还生活着其他棘皮动物。心形海胆就居住在湿沙底下，人们从未在沙滩表面看见过它们，直到它们曾栖息的小小的薄壳被潮水冲上海滩，被海风吹得乱飞，最后落在高潮线上的一堆杂乱中。造型独特的心形海胆躺在沙地表层之下六英寸或更深的居室里，为保持通道畅通，它们在通道上布满黏液。顺着通道，它们就可以到达浅海海底，所以人们会在沙粒中发现硅藻等食物颗粒。

　　有时，沙地上层闪烁着星状的图案，那是一只海星正躺在沙穴里，把海水吸入身体维持呼吸，再通过身体上表面的毛孔把海水排出，水流勾勒出它的形貌。沙滩上一有动静，星状图案就立即消失，就像一颗星星消失在雾里，因为海星会用扁平的管足划动沙子，迅速溜走。

漫步在佐治亚州的海滩上，我总是告诉自己正踩在一座地下城薄薄的屋顶上。地下城的居民总是隐藏形迹，不露真相。地下城里有大小烟囱、通风管道，还有通往幽暗地域的各式通道、跑道。一小堆废弃物被运往沙面，似乎地下城的居民还在进行公共清扫。但它们仍然藏踪蹑迹，默默地生活在幽暗、复杂的地下世界。

在这座洞穴城市里，幽灵虾不计其数，远超其他居民。它们的洞穴四散在潮滩各处，直径远小于一支铅笔的直径，周围是一小堆粪球。虾必须吞食大量沙土，才能获得与难以消化的沙土混合在一起的食物。所以，它们的生活方式决定了住所附近总是堆积着大量粪球。孔洞是裸露在外的洞穴入口，向下一直延伸几英尺，这是一条长且几乎垂直的通道，连接着其他地道。一些地道下达黑暗潮湿的地下虾城，一些则通向地面，似乎是作为紧急出口。

洞穴的主人从不露面，除非我拐骗它。我向里面投扔沙粒，一次扔几粒，一步步把它诱哄到洞口。幽灵虾外形奇特，身材修长。它很少外出，所以不需要坚硬的骨骼保护自己。相反，它全身附有柔韧的角质层，因为它得在狭窄的地道中掘土、转身。它的身体下方长有几对扁平附肢，附肢持续拍动，迫使水流经过洞穴，因为在沙层深处，氧气供应不足，必须从上层取得富有氧气的海水。当潮水涌入，幽灵虾会游到洞口，开始从沙粒中过滤细菌、硅藻，或者更大的有机残渣颗粒。它用附肢上的小绒毛将食物从沙中刷出，然后送进嘴里。

在地下城里建造永久住所的居民，很少会块然独处。在大西洋海岸，幽灵虾常为一种小圆蟹提供住宿，小圆蟹与常见的牡蛎种类为近亲。巴豆蟹也会来到幽灵虾透风敞亮的洞穴，寻找安身之所和稳定的供应粮。它以身上的小绒毛为网，从流经洞穴的水流中汲取食物。在加利福尼亚海岸，幽灵虾为多达十种动物提供了庇护。其中一种是鱼类——小虾虎鱼，退潮时，它以洞穴为临时避难所，在虾的寓所里漫步闲逛，要是撞上了主人，还会不客气地从主人身边挤过去。另一种是生活在洞外的蛤蜊，它把虹吸管穿过洞壁，从地道的活水中获取食物。蛤蜊的虹吸管很短，通常情况下，它必须生活在地表之下，才能够到水和食物。有了虾穴的庇护，它可以享受到地下城市的便利和保护。

在佐治亚州的泥泞沙地上，生活着沙虫。它们所在之处，有一圈黑色的圆顶，就像低矮的火山锥。无论它们出现在美洲还是欧洲的哪一片海岸，它们的辛苦劳作都让海滩的土壤得以发酵、更新，让有机物腐质保持适当平衡。在沙虫聚集之地，每英亩土地一年可开垦近两千吨土壤。和陆地上的蚯蚓一样，沙虫也可以用身体输送大量土壤。它们的消化道吸收完腐烂有机残渣中的食物后，排出的沙子整整齐齐卷成一圈，从而泄露了沙虫的所在。每一个深色圆锥体附近，都有一个漏斗状的小洼地出现在沙滩上。沙虫呈"U"形躺在沙里，尾巴在锥体底下，头在洼地下面。潮涨时，它们会探出脑袋来觅食。

仲夏时节里，还会出现另一种沙虫出没的痕迹——半透明的粉色大囊泡，每个囊都像孩子的气球一样在水中上下浮动，一端陷在沙里。这些挤挤挨挨，像果冻一样的团状物，是沙虫的卵块，每个卵块里有多达三十万只幼虫在发育。

日复一日，年复一年，沙虫和其他海洋蠕虫一同，在一望无际的沙地上辛勤劳作。比如笔帽虫，用含有食物的沙子做成圆锥形的管子，从而在开挖隧道时保护自己柔软的身体。人们有时能看见笔帽虫精力充沛地劳动，因为它会让管子略高出沙子表面。但更常见的，是堆叠在潮间带废弃物里的空管。管子看似易碎，但在建筑师离世之后仍然完好无损——建筑材料仅有一粒沙厚，通过精心组装，形成由沙子构造的天然马赛克。

一位名为 A. T. 沃森（A. T. Watson）的苏格兰学者，曾耗费多年潜心研究这种蠕虫的习性。由于管道的建造是地下工程，人们几乎不可能观察到沙石放置、黏合的过程，但他灵光一现，认为可以将幼虫收集起来，放在实验室的培养皿中，观察它们的生活习性。当幼虫停止四处游走，在培养皿底部安顿下来不久，管子的建造就开始了。首先，每只幼虫都会在身体的四周分泌一个膜管。这是圆锥管的内衬，沙筑马赛克的地基。幼虫只有两只触手，用来收集沙粒，然后把沙粒放进嘴里。它们试探着把沙粒滚来滚去，如果沙粒的品质过关，它们就会把沙粒放在管子边缘上的指定位置。然后，它们的黏腺会排出些许液体，接着，蠕虫会揉搓管道上的某种盾状结构，似乎是要将管道磨得光滑。

沃森写道：

每一根管壳，都凝结着笔帽虫建筑师的毕生心血，都是巧夺天工的沙造之作。每一粒沙都被放置得不偏不倚，恰如其分，即便是人类建筑师，也得用上全身技艺才能这般精准……而笔帽虫显然是通过其敏锐的触觉，来确定建材放置的精确位置。我曾偶然观察到，笔帽虫在黏合之前，微微挪动了它刚放下的沙粒的位置。

　　在地下挖掘隧道的一生中，管壳就是笔帽虫的居所，因为和其他蠕虫一样，笔帽虫也在下层的沙中寻找食物。它们用以掘沙的器官，和管壳一样，看起来不堪一击，百无一用——正是尖尖的细长刚毛，分为两组，像是两把小梳子。这刚毛难免让人以为，那原是某个异想天开的人，用剪刀在闪闪发光的金箔纸边缘剪了几下，用来做圣诞树上的装饰品的。

　　我在实验室里建造了一个有沙子和海洋的微观世界，曾观察到笔帽虫在其间工作的姿态。即使在玻璃皿内的一层薄沙里，刚毛的掘沙效率也很高，就像一架轰隆隆的推土机。看起来，笔帽虫似乎是从管壳里微微探出身，把刚毛插进沙里，铲起一堆沙，然后把沙回扔到自己的肩膀上；接着，笔帽虫把它的铲刀收回，在管壳边缘把铲刀上的沙刮干净。整套动作一鼓作气，行云流水，左右开弓。金色的铲子将沙子挖松，随后收集食物的柔软触手在沙粒中摸索，将发现的食物送到笔帽虫的嘴里。

　　海浪沿着海陆之间的堰洲岛，生生凿开了入口，潮汐就从入口涌进岛后的海湾和海峡。岛屿向海一侧的海岸，受着携带泥沙的沿岸流洗礼，绵延数英里。沿岸流在入口处与起伏的潮汐相撞，水流在混乱中放缓，放松了对沉积物的控制。于是，在许多水湾的开口处，一行行浅滩延伸向海——沉积的泥沙形成钻石浅滩、煎锅浅滩，以及其他十几个有名、无名的浅滩。然而，并非所有沉积物都是沉淀而来，许多沉积物由潮水裹挟，扫入水湾，落在入海口内更为宁静的水域。在海角与水湾之内，海湾和海峡之中，浅滩逐渐成形。浅滩所在之处，海洋生物的幼虫纷至沓来——它们的生存需要平静的浅水。

在瞭望角的庇护下，有一些浅滩，一直延伸到海面上，潮间会短暂地沐浴在阳光和空气中，随后又沉入大海。这些浅滩很少会受到汹涌浪潮侵袭，虽然周围环绕旋转的潮汐流可能会逐渐改变浅滩的形状和范围——今天卷走了一些材料，明天又从别的地方带回沙子或淤泥——但总体而言，浅滩是片稳定祥和的乐土，适合沙滩动物栖息。

有些浅滩从其名字就可以看出，到访此处的是何种生灵——鲨鱼滩、羊头鲷滩、飞鸟滩。参观飞鸟滩，需得乘船穿过沼泽镇（Town Marsh）的蜿蜒河道，在水草深根牢牢固着的沙滩边缘，也就是浅滩朝向陆地的那一面靠岸。面向沼泽一侧的淤泥滩上，成千上万个招潮蟹的洞穴星罗棋布。当外来者闯入领地，招潮蟹们纷纷曳步逃开，几丁质的蟹足发出密集而细碎的声响，就像揉捏纸张发出的噼啪声。越过沙脊，眺望浅滩，若潮水还需等待一两个小时才会退下，目之所及，便只有一片海水在阳光下闪闪发光。

　　沙滩上，随着潮落，湿沙的边界也将逐渐向着大海退去。近海，一片天鹅绒隐隐浮现在如丝缎般闪耀的水面上，仿佛一条大鱼的脊背缓缓从海中升起——那是一长条沙滩渐渐腾出了水面。

　　大潮时节，如庞然大物般向外延展的浅滩顶部高出水面更多，暴露在空气中的时间也更长；小潮时分，潮波微弱，水流迟缓，浅滩则几乎被海水遮掩，即便是退潮到最低点，也仍有一层浅浅的海水在浅滩上荡漾。然而，若逢风平浪静，每月的低潮期间，行人皆可从沙丘的边缘涉水而渡，越过宽广的浅滩。海水浅而澄澈，水底下的每一处细节都一览无余。

　　但即便是在温和的小潮之际，我也沿着浅滩走了很远，远到干沙的边缘似在天边。这时，深深的沟渠转而穿过浅滩的外围。走近沟渠，可以看见海底向下倾斜，海水的颜色从晶莹澄澈变为暗淡浑浊的绿。一群小鱼从浅滩上一闪而过，银色的火花像瀑布一样在昏暗的海水中倾泻而下，照亮了斜坡的陡峭。大鱼顺着浅滩之间的狭窄甬道，从海上悠游而来。在海底更深处，有成群的光芒大文蛤，饥饿的蛾螺正向着它们游去。螃蟹在沙质海底四处游动，或将自己埋在沙里，仅露出眼睛；每只螃蟹身后的沙地上，都出现了两个小小的旋涡，那是螃蟹正在用鳃呼吸。

浅滩上，凡有海水覆盖之处，即便只有浅浅的一层，生命都从隐蔽处纷纷现身。一只年幼的马蹄蟹匆匆游到海水更深处。一条小蟾鱼蜷缩在一丛鳗草间，嘶哑地对着不速之客发出它最响亮的抗议，因为它鲜少在此处受到人类打扰。一只海螺从水底疾速滑过，在沙地上划出一条清晰的轨迹。它的外壳周围长着齐整的黑色螺旋，与之相配的是黑足与黑虹吸管。它也被称为"带纹郁金香旋螺"。

四下里，海草已蓬勃生根——它们是开花植物中敢于闯进咸水域的先锋。海草扁平的叶子从沙中伸出，错综复杂的根让水底的土壤更加稳定坚固。在这片沼泽区内，我发现了一片栖于沙滩的罕见海葵。海葵因其结构与习性，须依靠坚实的支撑，才能将触手探入水中取食。在北部海岸，或其他基底坚固之地，海葵牢牢攀着岩石；在这里，它们有别的妙招——把触手挤入沙中，只留下触手冠露在沙地表面。沙海葵收缩其管的下指末端并向下深戳，然后身体自下而上开始慢慢扩展，它沉入了沙中。海葵柔软的触手像花朵般在沙地间簇簇绽放的景象并不多见，因为海葵似乎更常出现在岩石间；但毫无疑问的是，掩埋在这坚实沙质海底的海葵，和绽放在缅因州潮池壁上的羽状海葵一样站稳了脚跟。

浅滩上，海草丰盈之处，四处可见磷沙蚕微露于沙面的一对对"烟囱"。磷沙蚕常年栖于地下的"U"形管道中，管道的狭小两端是磷沙蚕与大海接触的唯一途径。它躺在管中，利用身体的扇状突起结构将水引入黑漆漆的地道，流经它的洞穴，为它带来主食——微小的植物细胞，并带走它的排泄物；繁殖季里，还要靠水流带走它们孕育下一代的精子。

除了幼虫时期曾在海上短暂生活，磷沙蚕就这样在浅滩度过一生。幼虫随水流进入海域之后，很快便停止游动，变得萎靡懒散，最终沉入海底。它们在海底四处爬行，大概是在沙波纹沟槽里的硅藻中寻觅食物。爬行时，它们会留下一路黏液。大概再过几天，年幼的磷沙蚕便开始在硅藻和泥沙的混合堆里挖掘隧道，隧道短窄，满是黏液。起初的隧道只有这般简易，但随后可能会延伸至磷沙蚕身体的数倍之长，一直延伸到沙子表面，形成"U"形。此后所建的全部隧道，都是在最初这个隧道上不断改造、延伸而成，从而适应磷沙蚕不断生长的躯体。磷沙蚕死后，软塌塌的空管子便被冲出沙地，随波漂浮在海滩上的废弃物中。

有时，几乎每只磷沙蚕的洞穴里都会迎来房客——小巴豆蟹（小巴豆蟹的亲属寄居在幽灵虾的洞穴里）。往往，这种房东与房客的关系将持续一生。小巴豆蟹被卷裹着食物、源源不断的水流引诱，从小进入了磷沙蚕的管道，但很快就因为体格发育太壮，无法从狭窄的出口离开。磷沙蚕本身也不会离开管道，尽管偶尔会见到有的鳞沙蚕长着再生的头或尾——这隐隐表明，磷沙蚕从沙里露出了身子，遭到了路过的鱼蟹攻击。它们对这类攻击通常毫无抵御，只有在受到惊扰时，才会全身发出奇异的蓝白光芒，或许能将敌人吓退。

浅滩上还有些露出沙面的小烟囱，属于多毛类蠕虫——巢沙蚕。但这些"小烟囱"并非成双成对，而是单个出现。奇怪的是，这些"小烟囱"上都饰以贝壳或海藻的碎片，从而成功地骗过了人类的眼睛。它们是露出沙面的管子末端，这些管子有时能下到沙底 3 英尺深。伪装也许能有效欺瞒天敌，但为了收集材料黏满外露的管口，巢沙蚕不得不将身体暴露几英寸。和磷沙蚕一样，巢沙蚕也能再生失去的组织，以此抵御饥饿难耐的鱼类。

潮退时，四处可见逡巡游走的大蛾螺寻觅猎物。埋在沙中的蛤蜊，将一股股海水吸入体内，过滤其中微小的植物。但海螺觅食并非漫无目的，敏锐的味觉将它们引向蛤蜊虹吸管出口处排出的水流，这水流几乎肉眼不可见。味觉也可能将它们带往壮实的竹蛏跟前（竹蛏的壳只能堪堪盖住它肥美的嫩肉），或是一种闭门紧锁的硬壳蛤蜊。但蛾螺统统都能将它们打开：它用大脚将蛤蜊夹住，通过收缩肌肉，用自己的巨大外壳进行一连串猛烈锤击。

但生命的循环到这里并未结束，物种间盘根错节的相依相存还在继续。在海底深处的漆黑小窟中，驻扎着蛾螺的天敌——石蟹。石蟹有着硕大的紫色躯体和绚丽的毁灭之爪，可以将蛾螺的壳一片一片地破开。石蟹潜伏在码头的石块间，贝壳岩上被侵蚀的孔隙中，或废旧汽车轮胎等人造居所里。它们的巢穴，如传说中巨人的住所一般，周围堆叠着猎物支离破碎的残骸。

即便蛾螺逃出石蟹的猎捕，也要当心来自天空的绞杀。海鸥成群结队地来到浅滩，它们没有巨爪来碾碎猎物的壳，但世代的智慧传授了它们另一个好办法。一旦发现暴露在外的蛾螺，海鸥就立刻将其捕获，捉往空中。它寻往一条铺平的公路、一处码头，或海滩本身，直飞云上，将猎物从空中抛下，随即追着猎物返回地面，从破壳碎片中拾回美味。

从浅滩往回走时，我看见在碧绿的海底沟谷边缘，有一合股环绕的线从沙中盘旋而出——那是一根坚韧的羊皮纸绳，上面穿着几十个荷包状的胶囊。这是一只雌蛾螺的卵串。此时正值六月，恰逢蛾螺的产卵时节。我深知，每一只卵囊里，此刻都有神秘的力量在创造生命，准备孕育出成千上万只小蛾螺。也许其中有数百只会存活下来，然后从卵囊壁上薄薄的圆门里钻出。每只小蛾螺都会和它们的父辈一样，生活在一个微小的壳里。

海浪从开阔的大西洋上滚滚而来，直直冲上海滩，没有外围岛屿或陆地狭长的弧形港湾阻拦，所以，此处潮间带的生存环境十分恶劣。这是一个群雄角逐、变化莫测、动荡不安的地界，甚至连沙也有几分似水一般流动。裸露的海滩上几乎没有居民出没，唯有适者才能在波涛汹涌的沙滩上生存。

开阔海滩上的动物通常体型娇小、行动敏捷。它们的生存方式异乎寻常。一次次拍击海滩的海浪，既是它们的朋友，也是它们的敌人；海浪虽给它们带来了食物，但回流的漩涡也可能将食物席卷到海上。所有动物都必须精通迅捷而持久的挖掘之道，才能利用湍急的海浪和流动的沙，来攫取海浪送来的丰盛大餐。

蝉蟹就是成功利用海浪的捕食者之一，它是一种冲浪渔民，使用的渔网非常有效，甚至能捕捉到漂浮在水中的微生物。蝉蟹的整个群落都生活在海浪击打的地方，随着涨潮向岸边移动，又随着退潮退向大海。在涨潮期间，有几次整个河床会改变位置，那它们会在海滩更远的地方再次挖掘，这样可能更有利于进食。在这种壮观的大规模运动中，沙滩似乎突然冒出气泡，因为在一种奇怪的协同动作中，就像鸟的成群结队或鱼的成群结队一样，当波浪扫过它们时，蝉蟹都从沙滩上冒出来。在汹涌的水流中，它们被冲上沙滩；然后，当波浪的力量减弱时，它们借助尾部附肢的旋转运动，异常轻松地钻入沙子。随着潮水的退落，螃蟹返回到低潮线，再次分几个阶段完成旅程。如果碰巧有几只蝉蟹一直待到潮水退去，它们就会在潮湿的沙子里挖个几英寸的洞，等待水的再次到来。

顾名思义，这些小型甲壳类动物有一些类似蝉的特性，它们的附肢扁平，像爪子一样。它们的眼睛很小，几乎没有用处。和所有生活在沙子里的螃蟹一样，蝉蟹更依赖触觉，而不是视觉，因为它们有许多触觉刚毛。但是如果没有长长的、卷曲的、羽毛般的刚毛，那么即使是细小的细菌也会缠在它们的触须上，那样，蝉蟹就无法在海浪中生存。在准备进食时，蝉蟹会退回到潮湿的沙滩上，最后只露出嘴部和触角。尽管面朝大海，但它并不试图从涌来的海浪中获取食物。相反，它会一直等到海浪在海滩上精疲力竭，然后反冲向大海。当波浪消散到只剩一两英寸深时，蝉蟹就把触角伸进流动的水流中。在"捕鱼"片刻后，它就通过嘴周围的附肢拉动触角，吃掉捕获的食物。在这种活动中，又一次出现了奇怪的群体行为，因为当一只蝉蟹竖起触角时，群体中的所有其他蝉蟹都会立即效仿。

如果一个人碰巧在有一大群螃蟹的地方，那么看着沙子慢慢活过来，将是一件非同寻常的事情，因为前一刻它似乎还无人居住。然后，在一个稍纵即逝的瞬间，当后浪的水像一股薄薄的液体玻璃流向大海时，突然有数百张小矮人般的小脸透过沙地凝视着——眼睛瞪得大大的，长长的长满胡须的脸镶嵌在身体里，与背景的颜色如此接近，几乎看不见，然后几乎在瞬间，这些面孔又消失了，就好像一群奇怪的小矮人透过它们隐秘世界的窗帘向外看了一眼，又突然隐退在里面一样，人们产生了一种强烈的幻觉，以为只是自己的想象——这只是一个由流沙和充满泡沫的世界的神奇性质所引起的幻象。

由于它们的食物采集活动使它们处于海浪的边缘，所以蝉蟹面临着来自陆地和水的敌人——在潮湿的沙子中探头探脑的鸟、随潮水游来的鱼，以及从海浪中冲出来捕食它们的蓝蟹。因此，蝉蟹在海洋生态中起着重要的作用，它是联系水域微观食物和大型食肉动物的重要纽带。

尽管单个蝉蟹可能会从潮汐线的大型生物的捕食中逃出，但其生命的跨度很短，仅包括一个夏天、一个冬天和又一个夏天。这只蟹最初是一只从橙色卵中孵化出来的小幼体，这个卵已经被母蟹孕育了几个月，是牢牢附着在它身体下面的一个卵块。随着孵化时间的临近，母蟹不再与其他螃蟹一起在海滩上来回觅食，而是留在低潮区附近，这样就避免了将其后代搁浅在海滩上部的沙地上的危险。

当它从卵的保护性囊中逃脱时，幼体是透明的，大大的头，大大的眼睛，和所有的甲壳类幼体一样，身上有着奇怪的刺。它是一种浮游生物，对沙中的生物一无所知。随着逐渐成长，它会蜕皮，褪去幼体生命的外衣，然后就达到一个新阶段。在这个阶段，尽管它仍然以幼体的方式游动，挥舞着长满刚毛的腿，但它现在会在湍急的冲浪区底部寻找食物，因为海底的海浪会搅动并松动沙子。在夏季结束时，它又会蜕一次皮，这一次会让它转变为成年阶段，具有成年螃蟹的进食行为。

在幼体生命的漫长时期，许多小蝉蟹在水流中进行了漫长的沿海旅行，因此它们最终上岸时（如果它们在旅行中幸存下来）可能远离了父母所在的沙地。在太平洋海岸，强烈的表层洋流向海流动，马丁·约翰逊（Martin Johnson）发现大量的蝉蟹幼体被带到海洋深处，除非它们有机会找到返回洋流的方式，否则注定会受到一定的破坏。由于幼蟹的寿命很长，一些幼蟹被带到离岸二百英里远的地方，也许在大西洋沿岸盛行的沿岸流中，它们还会游得更远。

随着冬天的到来，蝉蟹仍然很活跃。在它们活动范围以北，霜冻会深入沙地，海滩上可能会结冰。它们会走出低潮区，度过寒冷的几个月，在那里，它们和海洋的空气之间有一英寸或更厚的水。春天是交配的季节，到了七月，前一年夏天孵化的大部分或全部雄蟹都会死亡。雌蟹会将它们的卵块孵育几个月，直到幼体孵化；在冬天之前，所有这些雌蟹都死了，这个物种只有一代生命留在海滩上。

在被海浪冲刷的大西洋海滩的潮汐线之间，唯一经常待在家里的其他生物是微小的科奎纳蛤蜊。科奎纳蛤蜊的生活就是不同寻常地、几乎无休止地活动。当被海浪冲出去时，它们必须再次挖洞，用粗壮且尖锐的脚像铁锹一样向下用力抓住，然后将光滑的壳迅速拉入沙中。一旦牢牢站稳脚跟，蛤蜊就会竖起它的虹吸管。虹吸管与贝壳一样长，开口张开，将波浪从底部带入或搅动的硅藻和其他食物吸入虹吸管。

和蝉蟹一样，科奎纳蛤蜊在海滩上以成群结队的方式高高低低地移动着，也许是为了利用最有利的水深。然后，当蛤蜊从洞里钻出来，让海浪把它们带走时，沙子和色彩鲜艳的贝壳一起发着光。有时，别的小型穴居动物也会在海浪中和蛤蜊一起移动——小型螺壳动物笋螺，它是一种捕食蛤蜊的食肉海螺。其他的敌人则是海鸟。环嘴鸥坚持不懈地捕食蛤蜊，在浅水中把它们从沙子中挑出来。

在任何特定的海滩上，科奎纳蛤蜊都是暂住居民；它们似乎是在能为其提供食物的区域工作，然后继续前进。海滩上出现了成千上万的色彩斑斓的贝壳，形状像蝴蝶，中间有放射状的彩色条纹，这可能只是一个前殖民地的遗址。

在潮汐汹涌得最远的那些循环周期中，海岸上的任何高潮带都只是被海洋短暂地、零星地占有，就其本身而言，它既具有海洋的性质，也具有陆地的性质。这种中间的、过渡的性质不仅渗透到海滩上部的物质世界，也渗透到海滩的生活中。也许潮起潮落让一些潮间带动物渐渐适应了离开水的生活，也许这就是为什么在这个地区的居民中，有一些就它们历史的时刻而言，既不属于陆地，也不完全属于海洋。

鬼蟹，苍白如它所栖息的海滩上部的干沙，看起来几乎是一种陆地动物。通常它的深洞在沙丘开始从海滩升起的地方。然而，它不呼吸空气；它在鳃周围的鳃室里储存着一点海水，每隔一段时间就必须去海里补充水分；然后，几乎是象征性的，它们也有某种形式的回归。这些螃蟹中的每一只都从浮游生物的微小生物开始生存；成熟后，在产卵季节，每只雌蟹再次进入大海产下卵。

如果没有这些必需品，成年螃蟹将几乎完全成为陆地动物。但是在每天的间歇，它们必须下到吃水线去弄湿它们的鳃，但要尽可能少地接触大海。它们不直接涉水，而是占据了一个比此刻大部分海浪撞击海滩的地方稍高的位置。它们侧身站在水中，用朝陆地一侧的腿抓住沙子。人类游泳者都知道，在任何冲浪运动中，偶尔会有一个浪比其他浪更高，在海滩上冲得更远。螃蟹们等待着，好像也知道这一点。在这样的海浪冲刷过它们的身体之后，它们就会返回到上面的海滩。

它们并不总是对与大海的接触保持警惕。我脑海中浮现出这样一幅画面：一个暴风雨的十月天，在弗吉尼亚海滩上，一只鬼蟹骑在海燕麦的茎上，忙着把似乎是从茎上摘下来的食物颗粒放进嘴里。它狼吞虎咽地吃着，一心忙于自己的事，忽略了它背后咆哮的大海。突然，浪花和泡沫翻滚过来，把鬼蟹从茎上甩了出去，鬼蟹和海燕麦都被卷到了潮湿的沙滩上。如果被试图捕捉它的人用力压着，几乎任何一只鬼蟹都会冲进海浪，仿佛权衡利弊之后选择了一种更不恐怖的事情一样。在这种时候，它们不游动，而是在水底行走，直到警报平息，它们才再次冒险出去。

虽然在阴天，甚至偶尔在阳光充足的时候，鬼蟹可能会少量外出，但它们主要是在夜间的海滩捕猎。它们从黑暗里汲取了白天所缺乏的勇气，大胆地在沙地上蜂拥而过。有时它们会在吃水线附近挖出一些临时的小坑，躺在里面观察海水会给自己带来什么礼物。

一只鬼蟹短暂的生命就是一场漫长的种族戏剧的缩影，一场海洋生物进化到陆地的缩影。鬼蟹和蝉蟹的幼体一样，都生活在海洋里，一旦从母体和充气的卵中孵化出来，就成为浮游生物的一种生物。当幼蟹在水流中漂流时，它会数次蜕去表皮，以适应不断增大的身体。每次蜕皮时，它都会经历形态上的轻微变化。最终，它到达最后一个幼体阶段，称为大眼幼体。这是人类所有命运的象征，因为它这样一个独自在海里生活的微小生物，必须服从驱使它向岸边游去的任何本能，并且必须在海滩上成功着陆。漫长的进化过程使它适应了自己的命运。与近亲蟹类的螃蟹相比，它的结构非同寻常。乔斯林·克莱恩（Jocelyn Crane）研究了各种鬼蟹的幼体，发现它们的表皮总是又厚又重，身体呈圆形。附肢上有凹槽和划痕，这样它们就可以紧紧地折叠在身体上，每一个都与相邻的附肢精确贴合。在上岸这种危险行为中，这些结构能够保护幼蟹免受海浪的冲击和沙子的刮擦。

一旦到了海滩上，幼蟹就会挖一个小洞，也许是为了躲避海浪，也许是作为一个庇护所，在那里进行蜕皮，蜕皮后会变成蟹的形状。从那时起，幼蟹的生活就是在海滩上逐渐向上移动。当它很小的时候，它会在潮湿的沙子里挖洞，这些沙子会被上涨的潮水所覆盖。当它长到一半时，它会在高潮线以上挖洞；当它完全长大后，它会回到沙滩的上部，甚至是沙丘中，达到向陆地运动的最远点。

在鬼蟹居住的任何海滩上，它们的洞穴以与主人习惯相关的日常和季节性节奏出现和消失。晚上，当鬼蟹在海滩上觅食时，洞穴的口是敞开的。大约黎明时分，鬼蟹回来了。一般来说，并不确定它们是去以前住过的洞穴，还是只去任何方便的洞穴——这种习性可能会随着地方、鬼蟹的年龄和其他变化的条件而变化。

大多数通道都是简单的竖井，以大约 45 度的角度向下延伸到沙地中，延伸到有一个宽阔的洞穴为止。少数有辅助洞从室内通向地面。这提供了一个紧急出口，如果有敌人——可能是一只更大的有敌意的鬼蟹——从主洞下来时就可以使用这个出口逃生。第二个洞通常几乎垂直延伸到地面，它比主通道离水更远，不一定会通到沙子表面。

清晨的几个小时都是用来修理、扩大或改进为当天选定的洞穴。从通道里拖着沙子的鬼蟹总是侧着身子出现，它的沙子就像包裹一样被放在身体后腿下。有时，一到达洞口，它就会猛烈地把沙子甩出去，然后飞快回到洞里；有时它会把它带走一段距离再放好。鬼蟹经常在洞穴里储存食物，然后躲进去。几乎所有的鬼蟹都会在中午时分关闭通道入口。

整个夏天，海滩上出现的洞都遵循这种昼夜模式。到了秋天，大部分的鬼蟹已经迁移到潮水之外的干海滩上。它们的洞深入沙地，仿佛它们的主人感受到了十月的寒冷一样。然后，很明显，沙子门被关上了，直到春天才会再次打开。因为冬天的海滩上看不到燥蟹和它们洞穴的任何迹象：从一角硬币大小的幼蟹到成年蟹，所有的蟹都消失了，大概是进入了漫长的冬眠。但是，在四月一个阳光明媚的日子里，走在沙滩上，你会到处看到一个个敞开的洞穴。不久，一只鬼蟹可能会出现在门口，在春天的阳光下试探性地靠在它的胳膊肘上。如果空气中有挥之不去的寒意，它会很快回去，再次关上门。但是季节变了，在这片广阔的上海滩下，鬼蟹正在从睡梦中醒来。

和鬼蟹一样，这种称为沙蚤或沙跳虾的小型片脚类动物描绘了一个戏剧性的进化时刻，在这个过程中，一种生物放弃了旧的生活方式，开始了新的生活。它的祖先完全是海洋生物。如果我们对它的未来判断正确的话，它遥远的后代将会成为陆地生物。现在它正处于从海洋生物向陆地生物转变的阶段。

和所有这些过渡性的阶段一样，它的生活方式中也有着奇怪的相互矛盾和讽刺之处。沙蚤已经移动到了海滩上部，它的困境是，它被束缚在海洋中，却受到赋予它生命的元素的威胁。显然它从不主动下水。它不擅长游泳，如果长时间浸在水中可能会淹死。然而，它需要潮湿，可能还需要沙滩上的盐，所以它仍然受水世界的束缚。

沙蚤的运动跟随潮汐的节奏和昼夜的交替。在黑暗时间的低潮中，它们会游到潮间带寻找食物。它们啃着海莴苣、鳗草或海带，小小的身体随着咀嚼的活力而摇摆。在潮汐线的垃圾中，它们会发现少量的死鱼或含有残余肉的蟹壳；因此，海滩被它们清理干净，磷酸盐、硝酸盐和其他矿物质被它们从死者身上回收，供生者使用。

如果深夜水位下降，片脚类动物会继续觅食，直到黎明前。然而，在光线照亮天空之前，所有的沙蚤都开始沿着海滩向高水位线移动。在那里，它们开始挖掘洞穴，躲避阳光和上涨的水。当它快速工作时，它将沙粒从一对脚传递到下一对脚，直到用第三对胸腿将沙子堆积在身后。"小挖掘机"不时"啪"的一声伸直身子，把堆积的沙子扔出洞外。它在通道的一面墙上疯狂地工作，用第四和第五对腿支撑着自己，然后转身开始在对面的墙上工作。这种生物很小，它的腿看起来很脆弱，然而通道却可能在十分钟内就能完成，并且在竖井的尽头挖出一个空腔。在最大深度，这条竖井简直是一项巨大的劳动，就好像一个人，没有工具，只有双手，却为自己挖了一个大约 60 英尺深的通道。

挖掘工作完成后，沙蚤经常回到它的洞口来测试入口门的安全性。入口门是由竖井深处的沙子堆积而成的。它可能会从洞口伸出长长的触角，摸摸沙子，扯扯沙粒，将多余的沙粒吸入洞中。然后它就蜷缩在黑暗舒适的房间里。

当潮水在头顶上升时，浪花和向岸边推进的潮汐的振动可能会传到洞穴中的小动物身上，给它发出警告，警告它必须待在里面才能避开潮水以及潮水所带来的危险。很难理解是什么激发了它们躲避日光，以及觅食海鸟的保护本能。在那个深洞里，白天和黑夜几乎没有区别。然而，沙蚤以某种神秘的方式待在安全的沙室里，直到海滩上再次满足两个基本条件——黑暗和退潮。然后它从睡梦中醒来，爬上长长的竖井，推开沙门。黑暗的海滩再次在它面前铺展开来，退潮边缘的白色泡沫线标志着它的猎场的边界。

每一个如此辛苦挖掘来的巢穴只是一个晚上或一个潮汐间隔的避难所。低潮进食期过后，每个沙蚤都会为自己挖一个新的避难所。我们在海滩上部看到的洞通向的都是空的洞穴，以前的居住者已经离开了。有住户居住的洞穴的"门"是关着的，所以它的位置不容易被发现。在海的沙地边缘，有受保护的海滩和浅滩上丰富的生命，被海浪冲刷的沙滩上稀疏的生命，以及已经达到高潮线并似乎在空间和时间上为入侵陆地做好准备的先驱生命。

但是沙子中也包含了其他生命的记录。海滩上散布着一张薄薄的漂浮物网——海洋中的漂浮物被带到岸边。这是一种成分奇特的织物，由风、浪和潮汐用不知疲倦的能量编织而成。材料的供应是无穷无尽的。在干枯的海滩草和海藻中，有蟹爪和海绵、伤痕累累和破碎的软体动物外壳、结有海洋生长物的旧桅杆、鱼的骨头、鸟的羽毛。编织者利用手头的材料，网的设计经纬交错。它反映了近海海底的类型，无论是起伏的沙丘还是岩石暗礁，都微妙地暗示着一股温暖的热带洋流即将接近，或者告诉我们来自北方的冷水马上要入侵。在海滩的垃圾和碎片中，可能只有很少的生物，但是有一种暗示，暗示着亿万条生命，生活在附近的沙滩上，或者从遥远的海洋被带到这个地方。

在海滩上的漂浮物中，经常会有从开阔的海洋表面水域中走失的动物，这提醒着人们，大多数海洋生物都是它们所居住的特定水团的囚犯。在风的驱使下，或在不同的温度或盐度模式的吸引下，它们会误入不习惯的领地，身不由己地离开原生水域。

几个世纪以来，总有好奇心旺盛的人行走在世界海岸上，发现了许多未知的海洋动物，它们是从开阔的海洋中漂流而来的，是潮汐线的漂流物。在公海和海岸之间有一种神秘的联系，那就是扁卷螺，即旋壳乌贼（Spirula）。许多年来，人们只知道贝壳——一个白色的小螺旋，形成两三个松散的线圈。把这样一个贝壳对着光观察，可以看到它被分成不同的房间，但是很少有建造和居住这些房间的动物的痕迹。到 1912 年，已经发现了大约 12 个活体标本，但是仍然没有人知道这种生物生活在海洋的哪个部分。接着，约翰内斯·施密特（Johannes Schmidt）对鳗鱼的生活史进行了经典研究，他一次次穿越大西洋，研究着不同层次的浮游生物网，从表面一直深入黑暗的深处。除了作为他研究对象的玻璃般透明的鳗鱼幼体外，他还带来了其他动物，其中有许多旋壳乌贼的标本，它们是在 1 英里以下的不同深度游泳时被捕获的。在含量最丰富的区域，似乎位于 900~1500 英尺之间，它们可能会密集出现。

它们是像乌贼一样的小动物，有十只胳膊和一个圆柱形的身体，一端有像螺旋桨一样的鳍。放在水族馆里，可以看到它们以一种跳跃的、向后喷射的喷气运动方式游动。

这种深海动物的遗骸会在海滩沉积物中安息，这似乎很神秘，但原因毕竟不难懂。它的外壳极轻。当动物死亡并开始腐烂时，分解的气体可能会把它带到地表。在地表，脆弱的外壳开始在水流中缓慢漂移，成为一个天然的"漂流瓶"，它最终的落脚点与其说是物种分布的线索，不如说是承载其水流路线的线索。这些动物本身生活在深海中，也许在从大陆边缘延伸到深渊的陡坡上数量最多。在这样的深度，它似乎占据了世界各地的热带和亚热带地带。现在，这个像羊角一样弯曲的小贝壳，持久地提醒着我们，巨大的、螺旋壳的"墨鱼"在侏罗纪和更早的时期成群结队地生活在海洋里。所有其他头足类动物，除了太平洋和印度洋的珍珠鹦鹉螺外，要么放弃了自己的壳，要么将其转化为内部残余物。

有时，在潮汐的碎片中，会出现一个薄薄的纸壳，白色的表面上有一个螺纹图案，就像海岸水流在沙子上留下的印记一样。这是纸鹦鹉螺的壳。纸鹦鹉螺是一种与章鱼有远亲关系的动物，像章鱼一样有八条胳膊。它生活在大西洋和太平洋的公海上。"壳"实际上是一个精心制作的卵盒或摇篮，由雌性分泌来保护其幼体。这是一个独立的结构，它可以随意进出。小得多的雄性（大约是它配偶的十分之一）不分泌壳。它以一些其他头足类动物的奇怪方式给雌性动物授精：它的一只手臂折断并进入雌性动物的套腔，携带大量的精子。很长一段时间，这种动物的雄性都没有被认出来。19世纪早期的法国动物学家居维叶（Cuvier）对分离的手臂很熟悉，但认为它是一种独立的动物，可能是一种寄生蠕虫。纸鹦鹉螺不是福尔摩斯那首著名的诗中的珍珠鹦鹉螺。虽然也是头足类动物，但珍珠鹦鹉螺属于不同的群体，并具有由地幔分泌的真正外壳。它生活在热带海洋中，和旋壳乌贼一样，是中生代统治海洋的巨大螺旋壳软体动物的后代。

暴风雨从热带水域带来许多流浪生物。在北卡罗来纳州纳格斯海德的一家贝壳店里，我曾试图购买一只美丽的紫螺（Janthina）。店主拒绝出售她的这件唯一的标本。当她告诉我飓风过后在海滩上发现活着的紫螺时，我明白了为什么这个神奇的漂浮物仍然完好无损，周围的沙子染成了紫色，因为这只小动物在绝望中试图用它唯一的防御手段来抵御灾难。后来我发现了一个空壳，像蓟草一样轻，躺在基拉戈珊瑚岩上的一个洼地处，是一些温和的潮汐把它安置在那里的。我从来没有像纳格斯海德那个店主那样幸运，因为我从来没有见过活着的动物。

紫螺是一种浮游海螺，漂浮在开阔的海洋表面，悬挂在一排泡沫上。筏子是由动物分泌的黏液形成的，黏液中夹带着气泡，然后硬化成一种坚硬透明的物质，就像坚硬的玻璃纸。在繁殖季节，紫螺把它的卵囊固定在筏子的下侧，筏子让它们全年都可以漂浮。

紫螺和大多数海螺一样，都是肉食动物，它的猎物是其他浮游动物，包括小型水母、甲壳类动物，甚至小型鹅藤壶。不时有一只海鸥从天而降，吃掉一只紫螺，但在大多数情况下，气泡筏是极好的伪装，几乎无法与漂浮的海浪区分开来。肯定也有来自下方的其他敌人，因为许多生活在地表或附近的贝壳都是蓝色和紫色（悬挂在泡筏底下），并且它们需要隐藏自己，以免敌人从下方发现。

墨西哥湾流强劲地向北流动，承载着一队队活舰队——公海中那些奇怪的腔肠动物，即管水母。由于逆风和逆流，这些小船队有时会进入浅水区并搁浅在海滩上。这种情况在南方最为常见，但新英格兰的南部海岸也会有来自墨西哥湾流的流浪生物，因为楠塔基特岛西部的浅滩就像一个陷阱一样收容它们。在这些流浪儿中，几乎每个人都知道僧帽水母（Physalia）美丽的天蓝色船帆，因为没有任何在海滩上的步行者会错过如此显眼的物体。小紫帆，或称顺风水手、帆水母，则很少为人所知，可能是因为它的尺寸小得多，而且一旦留在海滩上，它会很快变干，成为难以识别的物体。两者都是典型的热带水域居民，但在温暖的墨西哥湾流中，它们有时会一路穿越到大不列颠海岸，在某些年份它们会大量出现。

在现实生活中，帆水母的椭圆形浮子是一种美丽的蓝色，带有一点凸起的波峰或斜向穿过它的帆。圆盘大约有一英寸半长，一半宽。这不是一种动物，而是一种复合动物，或者说是一群不可分离的个体——一个受精卵的多个后代。不同的个体承担不同的职能。喂食的个体悬挂在浮子的中心。小的生殖个体聚集在它周围。在浮子的外围，以长触须的形式悬挂下来的喂食个体的职能是捕获海中的小鱼。

当风和水流将它们聚集在一起时，有时会看到一整队僧帽水母从穿过墨西哥湾流的船只上驶过。然后，即使航行几个小时或几天，也始终能看到一些管水母。当浮子或船帆斜着穿过船底时，这种生物就顺风航行；向下望向清澈的水面，可以看到触须远远拖在浮子下面。僧帽水母就像一艘拖着流网的小渔船，但它的"网"更像一组高压电线，因为触须会刺痛任何不幸遇到它的鱼或其他小动物，而这对后者来说几乎会致命。

僧帽水母的真正性质很难把握，事实上它的生物学的许多方面都是未知的。但是，和帆水母一样，核心事实是，它看似一种动物，实际上是许多不同个体的群体，尽管这些个体没有一个能够独立存在。浮子和它的底座被认为是一个个体，每一根长长的触须都拖着另一根触须。捕捉食物的触须，在一个大型样本中可以延伸到 40 或 50 英尺，布满了刺细胞。由于这些细胞会注射毒素，所以僧帽水母是所有腔肠动物中最危险的。

对于人类游泳者来说，即使是与其中一只触须的接触也会产生火热的伤痕，任何被严重蜇伤的人都应该庆幸自己能活下来。这种毒素的确切性质尚不清楚。一些人认为有三种毒素参与其中，一种会导致神经系统瘫痪，另一种会影响呼吸，第三种会导致极度虚脱和死亡——如果接触的剂量太大的话。在僧帽水母丰富的地区，游泳者已经学会尊重它。在佛罗里达海岸的一些地方，墨西哥湾流离海岸很近，许多腔肠动物被岸上的风吹向海滩。劳德代尔海边和其他类似地方的海岸警卫队，在发布潮汐和水温的报告时，经常会预计近岸的僧帽水母的相对数量。

由于刺细胞的毒性太高，所以很难找到一种明显没有被僧帽水母伤害过的生物，如果有，那就是一种小僧帽水母鱼，它总是生活在僧帽水母的阴影下，但它从未被发现。它似乎不受惩罚地在触手间窜来窜去，大概是在其中寻找躲避敌人的避难所。作为回报，它可能会引诱僧帽水母范围内的其他鱼类。但是它自身的安全呢？它真的对毒药免疫吗？还是过着极其危险的生活？一名日本调查人员几年前报告说，僧帽水母鱼实际上啃掉了一些带刺的触须，也许是通过这种方式让自己一生都受到微量毒素的影响，从而获得免疫力。但是最近一些工作人

员认为这种鱼没有任何免疫力，每一条活的僧帽水母鱼都只是
极度幸运罢了。

　　僧帽水母的船帆或浮子充满了由所谓的气腺分泌的气体。
气体主要是氮气（85%～91%），还有少量氧气和微量氩气。
虽然一些管水母可以把气囊放气，并在表面粗糙的情况下沉入
深水中，但僧帽水母显然不能。然而，它确实对囊的位置和膨
胀程度有一定程度的控制。当我发现一艘中型僧帽水母搁浅在
南卡罗来纳州的海滩上时，我曾经对此做过图示。在把它放在
一桶盐水里过夜后，我试图把它放回大海。潮水正在退去，我
走进寒冷的三月水中，出于对僧帽水母能把人刺痛的尊重，我
把它放在桶里，然后尽可能把桶扔进涌来的海浪中。我一次又
一次抓住了它，又把它送回了浅滩。有时在我的帮助下，有时
不在我的帮助下，它设法再次出发，明显地调整着船帆的形状
和位置，因为它顺着从南方吹来的风直冲海滩。有时，它可以
成功地越过来袭的海浪；有时也会被抓住，被推着，在稀薄的
水中颠簸前进。但无论是在困难中还是享受短暂的成功，它的
态度都毫无消极之处。相反，我有一种强烈的错觉。它不是无
能的废物，而是一个正在竭尽全力控制自己命运的生物。当我
最后一次看到它的时候，一只蓝色的小帆船在海滩上，朝着大
海，等待着再次起航的时刻。

虽然海滩上的一些废弃物反映了表面水域的模式，但其他一些迹象同样清楚地揭示了近岸海底的性质。从新英格兰南部到佛罗里达顶端的数千英里范围内，这片大陆的沙地连绵不断，宽度从海滩上方的干沙丘一直延伸到大陆架上被淹没的土地。然而，在这个沙子的世界里，到处都隐藏着岩石。其中一部分是分散而破碎的珊瑚礁和岩架链，淹没在卡罗来纳州绿色的海水之下，有时靠近海岸，有时远离墨西哥湾流的西部边缘。渔民称它们为"黑色岩石"，因为黑鱼聚集在它们周围。海图上虽标明"珊瑚"，但最近的造礁珊瑚却在数百英里之外的佛罗里达州南部。

在 20 世纪 40 年代，杜克大学的生物学家、潜水员探索了一些珊瑚礁，发现它们不是珊瑚，而是一种叫作泥灰岩的软黏土状岩石的露头。它形成于几千万年前的中新世[①]，然后被埋在沉积层下，被上升的海水淹没。正如潜水员描述的那样，这些水下暗礁是低洼的岩石群，有时高出沙滩几英尺，有时被侵蚀成平坦的平台，从中生长出摇曳的棕色马尾藻林。在深深的裂缝中，其他藻类找到了附着的地方。大部分岩石被奇怪的海

---

① 中新世，地质年代，始于约 2300 万年前，结束于约 533 万年前。——编者注

洋生物、植物和动物所覆盖。石质珊瑚藻——它的亲戚把新英格兰的低潮岩石涂上了一种深沉的、古老的玫瑰色——覆盖在开阔礁石的较高部分，填满了它的空隙。大部分珊瑚礁被一层厚厚的扭曲、弯曲、石灰质的管子覆盖着，这是活海螺和造管蠕虫的作品，在古老的化石岩石上形成了一层石灰质层。这些年来，藻类的积累以及海螺和蠕虫管的生长，一点一点地增加了珊瑚礁的结构。

在礁石上没有藻类和蠕虫管的外壳，无聊的软体动物——海枣蚌、鳕鱼和小的无聊的蛤蜊——钻入其中，刮出它们所栖息的洞，同时以水中的微小生命为食。珊瑚礁提供了坚实的支撑，所以在流沙和淤泥的泥沼中，盛开着色彩缤纷的花园。橙色或红色或赭色的海绵将它们的分支延伸到漂流过珊瑚礁的水流中。脆弱的分支水螅从岩石和它们苍白的"花"中升起。到了季节，小水母游走了。柳珊瑚就像高高的铁丝草，呈橙色和黄色。一种奇怪的灌木状苔藓动物或苔藓虫生活在这里，其树枝上坚韧的凝胶状结构包含数千只微小的珊瑚虫，它们伸出触手般的头来进食。这种苔藓虫通常生长在柳珊瑚周围，看起来像灰色的绝缘体，围绕着一个黑色的、坚硬的核心。

如果没有珊瑚礁，这些物种都不可能存在于这多沙的海岸上。但是，由于地质历史环境的变化，古老的中新世岩石现在露出了这片浅海海底，在某些地方，这种动物的浮游幼体在水流中漂流，可能会结束它们对坚固性的永恒追求。

几乎每次风暴过后，在南卡罗来纳州的默特尔海滩等地，珊瑚礁中的生物开始出现在潮间带的沙滩上。它们的存在就是离岸水域深层湍流的证明。海浪向下猛烈地扫过那些古老的岩石，自从几千年前海水淹没了它们，它们就没有再听过海浪的撞击声。风暴潮赶走了许多固定不动的动物，卷走了一些自由生活的动物，把它们带进了一个陌生的沙底世界，海水变得越来越浅，直到下面没有水，只有沙滩。

我曾在东北风暴后残留的刺骨寒风中走过这些海滩。海浪在地平线上呈锯齿状，海洋呈冰冷的铅灰色，我被海滩上躺着的大量明亮的橘子树海绵，其他小块海绵（绿色、红色和黄色），半透明橙色或红色或灰白色的闪闪发光的大块"海猪肉"，像多节的老土豆一样的海鞘，以及仍然抓住柳珊瑚细枝的活珍珠牡蛎所触动。有时会有活着的海星——栖息在岩石上的深红色的南方海星。曾经有一只章鱼在潮湿的沙滩上遇险，被海浪抛到了沙滩上。但是这个生命仍然在里面存活着，当我把它拉出来时，它就飞快地跑开了。

在默特尔海滩的沙滩上，可能在任何有这种珊瑚礁的地方，都能发现古老珊瑚礁的碎片。泥灰岩是一种暗灰色的水泥状岩石，充满了软体动物的钻孔，有时还保留着它们的外壳。蚌虫的总数总是如此之大，以至于人们会想，在海底岩石平台上，为了每一英寸的固体表面，竞争会有多么激烈，会有多少幼虫找不到立足之地。

另一种"岩石"出现在海滩上，大小不一，数量可能比泥灰还要多。它几乎跟蜂巢太妃糖的结构一样，布满了扭曲的通道。当人们第一次在海滩上看到它，特别是如果它半埋在沙子里，可能会把它当成海绵，直到观察证明它像岩石一样坚硬。然而，它不是矿物——它是由小型海洋蠕虫建造的，身体是黑色的，头部有触须。这些蠕虫成群聚集在一起，分泌钙质基质，硬化为岩石的硬度。据推测，它厚厚地覆盖在珊瑚礁上，或者从岩石底部堆积成固体。这种特殊的"蠕虫岩石"在大西洋海岸并不为人所知，直到奥尔加·哈特曼（Olga Hartman）博士将我在默特尔海滩采集的标本鉴定为"十二碳铈的一种基质构建物种"，它的近亲是太平洋和印度洋居民。这个特殊的物种是如何以及何时到达大西洋的？它在那里的范围有多广？这些和许多其他问题仍有待回答。它们只是一个小小的例子，说明了我们的知识范围仍然有限，而从这些范围的窗户可以看到无垠的未知空间。

在上层海滩，在涨潮每天两次回流海水的区域之外，沙子变干了。然后，它们接收到的热量过多；它们干旱的深处是不毛之地，几乎没有吸引生命的东西，甚至没有让生命存在的可能。干沙的颗粒相互摩擦。风抓住它们，在海滩上空，这片被风吹动的锐利沙子将浮木冲刷成银色的光泽，擦亮废弃的老树的树干，擦亮古老的废弃树木的树干，鞭打着在海滩上筑巢的鸟儿。

但是如果这个区域本身没有什么生命，那就提醒着我们这里充满了其他生命。因为在涨潮线以上，所有软体动物的空壳都停了下来。如果参观北卡罗来纳州沙克尔福德浅滩或佛罗里达州萨尼贝尔岛的海滩，你几乎可以相信软体动物是海洋边缘的唯一居民，因为在螃蟹、海胆和海星等更脆弱的残余物回归大自然后很久，它们持久的遗骸仍主宰着海滩碎片。首先，贝壳被海浪抛到沙滩上；然后，它们一次又一次地越过沙滩，到达最高潮线。它们将留在这里，直到被埋在流沙中，或者被狂风巨浪带走。

从北到南，壳堆的组成发生着变化，这反映着软体动物群落的变化。在新英格兰北部的岩石中，每一小块聚集在有利地点的砾石砂都散布着贻贝和长春花。当我想起科德角隐蔽的海滩时，我在记忆中看到叮当作响的贝壳堆被潮水轻轻地移动，它们薄如鳞片的瓣膜（这么薄怎么容纳一个生物的？）闪烁着缎子般的光泽。拱形的上瓣比扁平的下瓣更常出现在海滩漂浮物中，扁平的下瓣上有一个孔，让坚固的足丝通过，将叮当声连接到一块岩石或另一个贝壳上。银色、金色和杏色是叮当声的颜色，与主宰这些北部海岸的深蓝贻贝形成对比。散落在各处的是扇贝的肋扇和搁浅在海滩上的白色小单桅帆船似的船壳。船壳是一种海螺，外壳造型奇特，下表面有一个小"半甲板"。它经常以六个或更多个体的形式依附在同伴身上。每个船壳的一生都是先为雄性然后变成雌性。在附着贝壳的链条中，那些在链条底部的总是雌性，上面的则是雄性。

在马里兰州和弗吉尼亚州的泽西海滩和沿海岛屿上，贝壳的巨大结构和缺乏装饰性的刺有一种意义——流动沙子的近海世界被滚滚而来的海浪深深搅动。海蛤的厚壳是它抵御海浪力量的屏障。这些海岸也散布着大型蛾螺，以及光滑的玉螺。

从卡罗来纳州南部起，海滩世界似乎属于各种毛蚶，它们的壳比所有其他的都多，虽然形状各异，但都很结实，有长长的铰链。笨重的毛蚶披着黑色胡须状的生长物或骨膜，在活的标本中很重，在海滩磨损的贝壳中则很少或没有。火鸡翅是一种色彩鲜艳的毛蚶，淡黄色的外壳上有红色的条纹。它也有厚厚的骨膜，生活在离岸很深的裂缝中，通过一条结实的线或足丝将自己附着在岩石或任何其他支撑物上。虽然有几种毛蚶扩大了这些软体动物在新英格兰的分布范围（例如，小横舟和所谓的血蛤——少数具有红色血液的软体动物之一），但在南部海滩，这一群体成了主导。在佛罗里达州西海岸著名的萨尼贝尔岛上，贝壳的种类可能比大西洋海岸的任何其他地方都多，但毛蚶却占海滩贝壳堆的 95% 左右。

在哈特拉斯角和眺望角下面的海滩上，江珧开始大量出现，但它们也可能生活在佛罗里达的墨西哥湾沿岸，数量惊人。即使是在平静的冬天，我也在萨尼贝尔的海滩上看到了一卡车的江珧。在猛烈的热带飓风中，这种轻壳软体动物的破坏数量几乎令人难以置信。萨尼贝尔岛为墨西哥湾提供了大约 15 英里的海滩。据估计，在这一带，一场风暴会投掷大约 100 万个江珧，这些江珧被深达 30 英尺的海浪撕裂。许多江珧脆弱的外壳在风暴海浪的冲击下被磨碎，但是即使那些没有被毁灭的也没有办法回到大海，所以注定要毁灭。仿佛知道了这一点，栖息在其中的共生巴豆蟹从壳中爬出，就像谚语中所说的抛弃沉船的老鼠一样，你可能会看到成千上万的巴豆蟹在海浪中明显不知所措地游来游去。

江珧旋转着金黄色光泽和纹理奇特的足丝。古代人用地中海江珧的足丝纺出金布，这种布料非常柔软，可用手指绕成一个圈后抽出。在爱奥尼亚海的意大利塔兰托，这一行业依然存在，那里的手套和其他小型服装都是由这种天然纤维编织而成，作为古董或游客的纪念品。

一只完好无损的天使翼（angel wing）在海滩的残骸中幸存下来，这看起来非常不寻常，它显得非常脆弱。然而当活体动物身上有这些纯白色的瓣膜上时，它们就能够穿透泥炭或坚硬的黏土。天使之翼是最强大的钻孔蛤蜊之一，有很长的虹吸管来保持与海水接触，所以能够把洞挖得很深。我在巴兹德湾的泥炭层中挖到过它们，并在新泽西海岸暴露在沙滩上的泥炭中发现过它们，但它们在弗吉尼亚州北部却很罕见。

这种纯净的颜色，这种精致的结构，一生都埋藏在一堆黏土中，因为天使之翼的美丽似乎注定要被隐藏起来。直到死后，贝壳才会被海浪带到海滩上。在黑暗的牢笼里，天使之翼隐藏着一种更加神秘的美。它远离敌人，隐藏在所有其他生物面前，本身却会发出奇怪的绿光。为什么？为了让谁看到？为什么要让它看到？

除了贝壳，海滩漂浮物中还有其他形状和质地神秘的物体。各种形状和大小的扁平、角质或贝壳状圆盘是蛾螺的鳃盖——当动物缩回到壳中时，保护门会关闭开口。有些鳃盖是圆形的，有些是叶状的，有些像细长弯曲的匕首。（南太平洋的"猫眼"是海螺的鳃盖，一面呈圆形，抛光得像男孩玩的弹珠。）不同种类的鳃盖在形状、材料和结构上都很有特点，因此它们是识别其他困难物种的有用方法。

潮汐漂浮物也大量存在于许多小空卵盒中，各种形状、质地各异的海洋生物在这里度过了它们最初的生命阶段。黑色的"美人鱼钱包"就是其中一种鳐鱼。它们呈扁平的角质矩形，两端有两个卷曲的长叉或卷须。鳐鱼的父母用它们将装有受精卵的卵盒附着在一些离岸海底的海藻上。在幼鳐成熟并孵化后，这些被丢弃的摇篮经常被冲上沙滩。黑线旋螺的卵壳让人想起一朵花的干豆荚，一簇羊皮纸状的薄容器长在中央的茎上。那些有通道的或有圆突的蛾螺是长长的螺旋状小囊串，质地也像羊皮纸。每一个扁平的卵形胶囊里都有几十只小蛾螺，它们的外壳完美得令人难以置信。有时人们会在沙滩上发现一些卵串，小蛾螺像干豆荚里的豌豆一样在坚硬的胶囊壁上嘎嘎作响。

也许，在海滩上发现的所有物体中，最令人困惑的是沙领海螺或玉螺的卵壳。它有点像一个人从一张细砂纸上剪下一个洋娃娃的披肩。不同种类的玉螺产生的"项圈"大小不同，形状也略有不同。有些边缘是光滑的，有些是圆齿状的。在不同的物种中，卵的排列方式也略有不同。这种奇怪的海螺卵容器是由一层黏液形成的，这种黏液从脚底挤出来，在壳的外面成型，形成衣领的形状。衣领完全被沙粒沾满，而卵附着在衣领的下侧。

与海洋生物的碎片混杂在一起的是人类入侵海洋的证据——各种形状和大小的桅杆、绳子、瓶子、桶、盒子。如果在海上漂流了很长时间，这些漂流物会带来海洋生物，因为在它们随波逐流的时期，浮游生物的幼虫也在寻找着坚实的附着场所。

在我们的大西洋海岸，东北风或热带风暴后的几天是寻找公海漂流物的时候。我记得有一天晚上，一场飓风刮过北卡罗来纳州纳格海德（Nags Head）的海滩。大风仍然刮着，可以疯狂冲浪。那一天，海滩上散落着许多浮木、树枝、沉重的木板和桅杆，其中许多都生长着海中的鹅颈藤壶。一块长木板上布满了老鼠耳朵大小的小藤壶；在另一些漂流的木材上，藤壶已经长到一英寸或更长，不包括茎。外壳藤壶的大小粗略说明了桅杆在海上漂流的时间。几乎每一片木材上都大量生长着漂浮在海里的藤壶幼体，它们随时准备抓住漂浮在自己流动世界中的任何牢固的物体。但奇怪的是，它们中没有一个能独自在海水中完成自己的发育过程。每一个长相怪异的小生命，带着长满羽毛的附肢在水中划动，在呈现成年形态之前，它们都必须找到一个可以附着的坚硬表面。

这些有柄藤壶的生活史与岩石上的橡子藤壶非常相似。在坚硬的外壳中，是一个小的甲壳类动物身体，带有带羽毛的附肢，用来将食物送进嘴里。主要的区别在于，贝壳长在肉质的茎上，而不是长在与基质牢固结合的扁平基部上。不进食时，壳体可以紧紧闭合，就像在岩藤壶中一样；当它们张开嘴进食时，附肢会有同样的摆动和节奏。

我看到岸边某棵树的一根树枝，显然已经漂流了很长时间，现在撒满了棕色的肉质茎和象牙色的藤壶壳，边缘是蓝色和红色，理解了为何中世纪误将这些奇怪的甲壳类动物称为"鹅藤壶"。17世纪英国植物学家约翰·杰拉德（John Gerard）根据以下经历这样描述"鹅树"或"藤壶树"：

我在英国多佛和鲁米之间的海岸旅行时，发现了一棵古老的腐烂树的树干……我们将其从海水中拉上岸。在这棵腐烂的树上，我发现长着成千上万个深红色的长囊……在它的末端长着一只贝壳鱼，形状有点像小麝香鱼……打开之后，我发现了裸露的生物，形状像一只小鸟。在别的壳里，鸟身上覆盖着柔软的绒毛，壳半开着，鸟随时会掉出来，这无疑就是藤壶的杰作。

　　显然，杰拉德富有想象力的眼睛把藤壶的附肢看成了鸟类羽毛。在这个薄弱的基础上，他说道（纯属捏造）："它们在三月和四月产卵；雏鸟在五月至六月出壳，几个月后羽毛丰满。"因此，从那时起，在许多非自然历史的古书中，我们会看到一些图画，描绘树上结出藤壶形果实，以及鸟儿破壳而出飞走的场景。

　　海滩上的旧桅杆和被水浸泡过的木材布满了船蛆——长长的圆柱形通道贯穿了木材的所有部分。通常，除了偶尔有小小的石灰质外壳碎片，生物本身什么也没有留下。这些表明船蛆是一种真正的软体动物，尽管它的身体细长，像蠕虫一样。

　　早在人类出现之前就有船蛆了，而人类大大增加了它们的数量。船蛆只能生活在木头里，其幼体如果没有在生存的关键时期发现一些木质物质，就会死亡。海洋生物对来自大陆的某种东西的绝对依赖似乎很奇怪，也很不协调。在陆地上进化出木本植物之前，不可能有船蛆。它们的祖先可能是在泥土或黏土中打洞的蛤蜊形生物，仅仅利用它们挖掘的洞来摄取海洋浮游生物。在树木进化出来之后，这些船蛆的祖先适应了新的栖息地——由河流带入大海的相对较少的森林树木。但是它们在地球上的数量一定很少，直到不到几千年前，人们开始在大海上航行木船，并在海边建造码头。在所有这些木质结构中，船蛆发现了一个大大扩展的范围，以人类为代价。

船蛆在历史上的地位很稳固。这是罗马人及其帆船的灾难，是航海的希腊人和腓尼基人的灾难，是新大陆探险家的灾难。在 18 世纪，它将荷兰人建造的阻挡海水的堤坝打得千疮百孔，威胁了荷兰的存亡。作为学术上的副产品，荷兰科学家首次对船蛆进行了广泛的研究，对他们来说，船蛆的生物学知识已经成为生死攸关的问题。斯内利厄斯（Snellius）在 1733 年首次指出，这种动物是一种蛤蜊状的软体动物，而不是蠕虫。大约在 1917 年，船蛆入侵了旧金山港。甚至在人们怀疑它入侵之前，渡船已经开始倒塌，码头和满载的货车落入港口。在第二次世界大战期间，尤其是在所有热带水域，船蛆都是一个看不见但强大的敌人。

普通船蛆的雌性将幼体留在洞穴中，直到它们生长到幼虫阶段，才会被放入海中。每一个幼体都是被包裹在两个保护壳中的微小生物，看起来像任何其他年幼的双壳贝类。如果它在成年的门槛时遇到木头，那就万事大吉了。它伸出一根细长的足丝作为锚，一只脚发育出来，贝壳变成有效的切割工具，因为它的外表面出现了一排排锋利的脊。挖掘工作开始了。凭借强大的肌肉，这种动物在木头上刮擦隆起的外壳，同时旋转，从而切割出一个光滑的圆柱形洞穴。随着洞穴的延伸——通常随着木材的纹理——船蛆的身体也在增长，一端仍然附着在靠近微小入口点的墙上。它带有虹吸管，通过虹吸管与大海保持联系。穿透的那端携带着小贝壳，两者之间伸展着一个像铅笔一样细的身体，但可能达到 18 英寸的长度。虽然一根木材可能会滋生数百只幼虫，但船蛆的洞穴从不互相干扰。如果一只船蛆发现自己靠近了另一个洞穴，就会转向一边。钻孔时，它通过消化道把木头分解成碎片。一些木材被消化并转化为葡萄糖。这种消化纤维素的能力在动物世界中很罕见，只有某些海螺、某些昆虫和极少数其他动物拥有这种能力。但是船蛆很少使用这种困难的技术，而主要以流经其身体的丰富浮游生物为食。

海滩上的其他木材带有穿石贝（piddock）的标记，即一些浅孔，只穿透树皮下面外部，但很宽，呈标准的圆柱形。无聊的穿石贝寻求庇护和保护。与船蛆不同，它不消化木头，而只靠通过突出的虹吸管吸入体内的浮游生物为生。

空的穿石贝孔有时会吸引其他寄宿者，就像废弃的鸟巢可能会成为昆虫的家园。在南卡罗来纳州贝尔斯布拉夫的泥泞的盐溪岸边，我捡了一些千疮百孔的木材。曾经有粗壮的白壳穿石贝住在里面。穿石贝一家早就死了，连贝壳也不见了，但每个洞里都有一个黑乎乎、闪闪发光的身体，就像嵌在蛋糕里的葡萄干一样。它们是小海葵的收缩组织，在这个充满淤泥和水的世界里，它们找到了海葵必须有的那一点坚实的基础。在这样一个不可思议的地方看到海葵，人们不禁要问，海葵的幼体是如何碰巧出现在那里，准备好抓住那片精心挖掘的公寓所带来的机遇？人们对生命的巨大浪费再次感到震惊，但你要知道，每当一朵海葵成功找到家园，就一定有成千上万朵海葵没有找到。

于是，在这潮起潮落的漂浮物中，我们总是被提醒着近海有一个陌生而不一样的世界。虽然我们在这里看到的可能只是生命的外壳和碎片，但通过它们，我们意识到了生与死，运动和变化，以及洋流、潮汐和风驱动的波浪对生物的运输。这些非自愿移民中有些已成年。它们可能会在中途死亡，或者被转移到一个新的家园，发现那里的条件更有利，就会留下来，甚至可能繁衍下一代，扩大这一物种的分布范围。但其他许多都是幼体，它们是否能够成功着陆，取决于许多因素：取决于它们幼体生命的长度（它们能否等到登陆，然后才能到达必须进入成年期的阶段？）；取决于它们遇到的水的温度；取决于浅滩的水流是把它们带到有利的地方，还是让它们迷失在深水中。

因此，走在沙滩上，我们意识到一个最有趣的问题——海岸的殖民化，尤其是那些出现在沙海中的岩石"岛"（或岩石的外表）。由于人们建造海堤或码头，或为码头或桥梁而沉桩，而长期隐藏在阳光下甚至埋在海底的岩石，再次露出海底时，坚硬的表面都会立即充满典型的岩石动物。但是，在南北绵延数百英里的沙质海岸中间，这些殖民的岩石动物群是如何出现的呢？

思考这个问题的答案，我们意识到不断地迁徙，在很大程度上注定是徒劳的，但也确保了当机会出现时，生命总是在等待，准备好加以利用。因为洋流不仅仅是水的运动，还是生命的溪流，总是带着无数海洋生物的卵和幼体。它们带着坚强者漂洋过海，或一步一步地沿着海岸长途跋涉。它们把一些细菌带到了深藏不露的通道中，在这些通道中，寒流沿着海底流动。它们把居民带到了新的岛屿上，这些岛屿被推到海面之上。我们必须假设，自从海中第一次有生命以来，它们就开始做这些事情。

只要洋流沿着它们的路线前进，就有可能、有望甚至肯定会有某种特定的生命形式来扩展它的活动范围，占领新的领域。

几乎没有什么比这更能表达生命力量的压力——强烈的、

盲目的、无意识地生存、前进和扩张的意愿。这是生命的奥秘之一。在这场宇宙大迁移中，大多数参与者注定要失败；同样神秘的是，数十亿大军都失败，但少数成功了，那么它们的失败也就变成了成功。

第五章　珊瑚海岸

我相信，无论是谁，当他一路走遍佛罗里达礁岛群，那里的天空，那里的海水，还有星星点点的红树林，以及被红树林覆盖的岛屿，一定会让他感到耳目一新。礁岛群的地理环境别具特色，风格强烈。比起大多数地方，这里更能把对过去的追忆、对未来的体悟，与当下的现实联系在一起。光秃秃、被侵蚀成锯齿状的岩石上，雕刻着珊瑚的图案，不禁让人叹惋逝去之物的荒凉。乘船俯瞰色彩斑斓的海洋花园，则感受到热带的葱郁和神秘，生命的忐忑与悸动。在珊瑚礁和红树林沼泽中，则隐约窥见未来的预兆。

佛罗里达群礁岛群在美国几乎是独一无二，放眼全球也可谓举世无双。近海，岛链边缘生活着大量活珊瑚。其实，礁岛群本身就是古珊瑚礁的遗骸。千年以前，古珊瑚礁的建筑师在这片温暖的海域自由生活、繁荣兴旺。这片海岸并非由无生命的岩石或沙子构成，而是源于生命的活动创造。这些生物虽然拥有与我们一样以原生质构成的身体，但可以将海洋中的物质转化为岩石。

全世界的活珊瑚海岸仅存在于温度高于21℃的海域，即便海域温度突然下降至21℃以下，持续时间也不能太长。因为只有当珊瑚动物沐浴在温暖的海水中，它们才能分泌石灰质骨骼，才能造出如此壮观的珊瑚礁。因此，珊瑚礁以及所有与珊瑚海岸相关的结构均存在于南北回归线之间，而且只会出现在大陆的东海岸。因为热带的洋流受地球自转和风向影响，流往南北极，也流经此地。大陆西海岸不适宜珊瑚生长，因为深海的冷水在此处上涌，然后寒冷的沿岸流从此处流向赤道。

因此在北美地区，无论是在美国的加利福尼亚海岸，还是在墨西哥的太平洋海岸，都少见珊瑚的身影。而在西印度群岛地区，珊瑚群就欣欣向荣。同样，在南美洲的巴西海岸、热带地区的非洲东海岸以及澳大利亚的东北海岸，也能见到蓬勃兴旺的珊瑚群。甚至在澳大利亚，珊瑚礁群大堡礁纵贯1000多英里，形成了一面举世闻名的"生命墙"。

佛罗里达礁岛群是美国境内唯一的珊瑚海岸，向西南绵延近200英里，一直延伸至热带海域，始于迈阿密稍南、比斯坎湾入口处的桑兹（Sands）、艾略特（Sands）和老罗兹（Old Rhodes）礁岛。接着，礁岛群继续向西南延伸，绕过佛罗里达大陆的尖端，被佛罗里达湾分散，最后偏离大陆，在墨西哥湾和佛罗里达海峡之间形成一条细长的分界线，分界线上，靛蓝色的墨西哥湾暖流奔腾而过。

礁岛群靠海一侧有一片 3~7 英里宽的浅水区，在深度通常小于 5 英寻的海底形成了缓斜的平台。一条深达 10 英寻的不规则海峡——霍克海峡，横贯这片浅海，可供小船通航，一面活珊瑚礁筑成的高墙矗立在深海边缘，构成了礁坪面向海洋的边界。

根据性质和起源的不同，礁岛群可以被分成两组。东边的岛屿自桑兹岛起，至洛格海德礁岛（Loggerhead）止，形成了绵延 110 英里的平滑弧线。它们是更新世时期珊瑚礁的裸露残骸。在最后一个冰期之前，礁岛的建造者们都依偎在这片温暖的海域蓬勃生长，但如今，这些珊瑚，以及它们的所有遗骸都变成了干涸的陆地。东边的岛屿大多狭长，岛上有葱郁的低矮灌木覆盖，岛屿与暴露在外海的珊瑚灰岩接壤，穿过背风侧错综茂密的红树林湿地，就可以进入佛罗里达湾的浅海。西边的那组礁岛群名为"松岛"，那里又是另一番景象。建岛的石灰岩，源自间冰期的浅海海床，而如今礁岛仅略高于海面。但东边和西边的所有礁岛，无论是珊瑚建造的，还是海洋漂流物凝固形成的，背后推手都是海洋。

珊瑚海岸的存在和意义，不仅展示了陆地和海洋的重重博弈，还掷地有声地宣告着当下正在发生的、由生物的生命过程导致的持续变化。或许，站在连通礁岛群的桥上，望向几英里外的海面，望着被红树林覆盖的岛屿星罗棋布，一直延伸向地平线，更能深有体会。这块陆地似乎如梦未醒，仍然沉湎于过去。但桥下，一株绿色的红树林幼苗漂浮在水上，又细又长，一端已长出根须，正向水下延伸，准备好抓住沿途遇上的任一泥滩，然后牢牢扎根。多年来，红树林在岛屿之间、海水之上，架起了桥梁，延伸了大陆，造出了新岛屿。而从桥下淌过、携带着红树林幼苗的海流，也将浮游生物带给了珊瑚动物，然后珊瑚动物造出了离岸礁岛，礁岛形成了一堵坚如磐石的墙，有朝一日，这堵墙可能就融入了大陆，于是形成了珊瑚海岸。

要想理解鲜活的当下和未知的未来，就要记住过去。更新世时期，地球至少经历了四个冰期，整个地球的气候都极为恶劣，巨大的冰层一路推向南方。每次冰期，地球上的水都会大量冻结成冰，全球海平面也随之下降。而在两次冰期之间较为温暖的间冰期，冰川消融，水又重新返回海洋，全球海平面再次升高。自最近一次冰期——威斯康星冰期[①]以来，地球气候的总体趋势是逐渐变暖，虽然这并不是均一的。威斯康星冰

---

① 威斯康星冰期是北美更新世的最后一个冰期，始于 8.5 万 ±1.5 万年前，约 1.25 万年前结束。——编者注

期前的间冰期被称为桑加蒙间冰期，它与佛罗里达礁岛群的起源密切相关。

现下构成东边礁岛群的珊瑚，大约就在几万年前的桑加蒙间冰期，建造了它们的珊瑚礁。那时的海平面可能比现在的高出 100 英尺，所以那时佛罗里达高原的整个南部都被海水淹没。而在高原东南边缘斜坡外的温暖海域，海面之下 100 英尺，珊瑚开始茁壮生长。随后，海平面又下降了约 30 英尺，预示着下一个冰期即将到来，从海洋中蒸发的大量水汽被运移到北方，以雪的形式落回地面。然后，海平面又下降了 30 英尺。珊瑚在浅海海域生长得更加旺盛，珊瑚礁不断向上生长，不断贴近海面。但是，海平面下降虽在一开始有利于珊瑚礁的生长，很快也给珊瑚礁带来了毁灭性的影响。因为在威斯康星冰期，北方的冰层不断增加，导致了海平面再进一步下降，使得珊瑚礁暴露在空气中，所有活珊瑚因此丧命。后来，珊瑚礁再一次被海水短暂淹没，但这已无力回天，建造它们的珊瑚无法再重生。再后来，珊瑚礁重新露出水面，并一直在水面之上，因此除水下部分外，珊瑚礁在礁岛之间搭建起通道。长期暴露在空气中的古老珊瑚礁，受到雨水和盐雾的严重侵蚀和分解。许多地方都有老珊瑚露出头来，清晰到甚至可以辨认出它们的种类。

　　当建于桑加蒙间冰期的珊瑚礁还生机勃勃时，沉积物正在珊瑚礁朝向陆地的一侧堆积，它们在近代成为建造礁岛群西边礁岛的石灰岩。那时，最近的陆地位于向北 150 英里，因为如今的佛罗里达半岛南端全被海水淹没。大量海洋生物遗骸、石灰岩的溶解，加上海水的化学反应，共同造就了浅海海底的软泥。

　　随着海平面不断变化，这些软泥被逐渐压实变硬，形成了质地良好的白色石灰岩，其中含有许多类似鱼卵的碳酸钙小球，基于此，这种石灰岩也被称为"鲕状灰岩"或"迈阿密鲕状岩"。这种岩石很快成为佛罗里达大陆南部下侧的岩基，并在最新的沉积层之下形成了佛罗里达湾的海床，然后在松岛①浮出了水面。大陆上的一些城市，比如棕榈滩、劳德代尔堡（Fort Lauderdale）和迈阿密，就建立在这种石灰岩的山脊上，同时海流冲刷着半岛古老的海岸线，将软泥捏塑成曲折的沙洲。迈阿密鲕状岩裸露在大沼泽地的地面，像是表面坑坑洼洼的岩石，但拔地而起它就是尖峰，滴水穿石它就是溶洞。修建塔米亚米步道（Tamiami Trail）和连通迈阿密、基拉戈岛（Key

---

① 即礁岛群西边，从大松礁岛（Big Pine Key）至西礁岛（Key West）。——译者注

Largo）两地高速公路的筑路工人，就是沿着路的右边挖掘这种石灰岩，将它们铺为路基。

既知往昔旧事，便明白历史仍在当下周期循环，早期地球的演变历程仍在重现。今日一如往日，活珊瑚礁在近岸增长，沉积物在浅海堆积，同时海平面也在虽微不可见但确切无疑地发生变化。

近珊瑚海岸，浅海为碧绿，远处则为湛蓝。暴风雨后，或刮过长时间的东南风之后，白色的激浪涌现。接着，礁坪底部之上，炼乳般富含钙质的沉积物从珊瑚礁上冲走，在深层的珊瑚礁引发一阵阵激荡。在这样的日子里，潜水面罩和水肺不得不被搁置一旁，因为水下的能见度并不比在伦敦大雾中好多少。

礁岛群周围的浅海中，普遍存在的高沉积率间接引起了"白色海域"。只要从岸上向水中走出几步远，就会注意到白色的粉砂状物质在水中漂浮，在水底积聚，显而易见地倾泻在每一处海底表面。细腻的沙尘落在海绵、柳珊瑚和海葵之上，阻塞并掩埋了低矮生长的藻类，在圆筒状大头海绵深色的庞大身躯上，覆盖上一层白。涉水的人搅弄起一团烟云，强风和激流不断将它变化。它的积累速度快得惊人，风暴之后，两次满潮的间隙，新沉积物就可达到两至三英寸高。沉积物的来源多样。有的来自动植物死亡后的物理分解，比如软体动物的外壳、沉积石灰质的藻类、珊瑚骨架、蠕虫或海螺的管壳、柳珊瑚和海绵的骨针以及海参的骨板。有的来自海水中碳酸钙的化学沉淀，这些碳酸钙从构成佛罗里达南部地表的大片石灰岩中滤出，然后被河流或大沼泽地的缓慢排水带往大海。

如今，礁岛群链外几英里处是一座由活珊瑚组成的珊瑚礁，它是浅滩朝向大海的边缘，俯瞰着一条险峻陡坡直直通向佛罗里达海峡的海槽。珊瑚礁从迈阿密南部的福伊岩（Fowey Rocks），一直延伸至马克萨斯群岛（Marquesas）和托尔图加斯群岛，大致标记出 10 英寻的水深线。但它们常常长到水深更浅处，不时还会冲出水面，形成小小的离岸岛屿，一些岛屿上还会修建标志性的灯塔。

小船缓缓掠过珊瑚礁，透过玻璃底的吊舱向外望，人们很难一窥而知全貌。即便亲临其境的潜水员也很难意识到自己身处高山之巅——柳珊瑚为灌木，挺拔的鹿角珊瑚是坚如磐石的大树，水流如山风拂过。海床从山顶向着陆地缓缓倾斜，进入霍克海峡宽阔的海槽，然后再次攀升，破水而出，形成一连串低洼的岛屿，即佛罗里达礁岛群。然而，在珊瑚礁朝向大海的一侧，海床急剧下降，坠入蓝色大海的深处。

活珊瑚生长在约 10 英寻深的海域，再往深处或许是因为光照缺乏，又或是沉积物太多，不再见到活珊瑚，到处都是珊瑚死去的残骸，在海平面更低时形成基底。在 100 英寻深处的海域之外，有一片干净的岩石海底，名为波塔雷斯海台（Pourtalès Plateau）。尽管此处珊瑚欣欣向荣，但它们并不造礁。在水深达 300~500 英寻间的海域，沉积物再次聚集在一个斜坡上，斜坡一直向下延伸至佛罗里达海峡的海槽，也就是墨西哥湾暖流的通道。

珊瑚礁是万千生灵的集合体，植物和动物、鲜活的生命与腐朽的骸骨皆化作它的一部分。以石灰质建筑小小的珊瑚杯，并以其塑造出千姿百态的各类珊瑚，构成珊瑚礁的基底。但是，珊瑚并非珊瑚礁的唯一建造者，珊瑚礁的所有空隙都被其他建筑师以贝壳、石灰管、珊瑚岩填满，还有不同来源的多样建筑石材黏合填充。成群的筑管蠕虫和海螺属软体动物的盘曲管壳交织错杂，形成巨大的结构。钙质藻类会在活体组织中沉积石灰质，构成珊瑚礁的一部分，或者在朝向陆地一边的浅海海域茂盛生长，死后将身体化作建筑材料，加入进而形成石灰岩的珊瑚砂中。角质珊瑚又名"柳珊瑚"，俗称"海扇""海鞭"，它的软组织中也含有石灰岩骨针。日久年深，随着海洋的化学作用，这些骨针与海星、海

胆、海绵以及海量小型生物中的石灰质一起，最终形成珊瑚礁
的一部分。

除了建造者，也有破坏者。硫黄海绵溶解钙质岩石，钻
孔软体动物在珊瑚礁上钻满密密麻麻的坑道，还有蠕虫用锋利
的下颚啃咬，破坏珊瑚礁的结构，最终让大片珊瑚很快难以抵
挡海浪的冲击，四下溃散，也许还会顺着珊瑚礁向海的一侧滚
落到海的深处。

尽管珊瑚礁结构十分复杂，但它的基础却是一种外表看
似简单的微小生物——珊瑚虫。珊瑚虫的形貌与海葵大致相
似，圆柱形的双壁管结构，底端闭合，顶端自由敞开，触须像
王冠一样在口部围成一圈。二者的最大区别在于，珊瑚虫能
够分泌石灰质，并在身体周围形成坚硬的杯状外壳，而这也
是珊瑚礁形成的根本所在。就像软体动物的外壳是由软组织
外层——外套膜分泌形成，杯状外壳也由珊瑚虫的外层细胞产
生。酷似海葵的珊瑚虫栖身于强度堪比岩石的隔室之中。由于
珊瑚虫的"皮肤"每相隔一定距离便向内弯曲，形成一连串倾
竖褶皱，并且皮肤一直在活跃地分泌石灰质，因此杯状外壳的
周边并不光滑，而是构成向内突出的隔板，形成凡研究过珊瑚
骨架者皆会熟知的星状或花状图案。

大多数珊瑚由个体聚集在一起，形成群落。然而，群体

中的所有个体，皆来自同一个受精卵，受精卵成熟后出芽形成新的珊瑚虫。群落就像珊瑚一样，呈分枝状、卵石状、扁平壳状或杯状。群落的核心无空隙，只有表面才有活珊瑚虫栖居，一些种类的珊瑚虫可能四散分开，另一些则挤挤挨挨。通常，珊瑚群落越是庞大，组成群体的个体则越是微小。一人多高的分支珊瑚群落里，一只珊瑚虫可能只有八分之一英寸大小。

珊瑚群落的坚硬物质通常呈白色，但也可能呈现为微小植物细胞的颜色。这些植物细胞寄生在珊瑚软组织中，二者互利互生，进行着物质交换：植物获得二氧化碳，动物则使用植物释放的氧气。然而，这层特殊关系中可能还蕴藏着更为深层的意义。藻类的黄色、绿色或棕色色素属于一组被称为"类胡萝卜素"的化学物质。近来有研究表明，藻类被圈禁在珊瑚礁中，其富含的色素可能对珊瑚施加影响，作为"内部相关因子"影响着珊瑚繁殖的进程。通常，藻类的存在有益于珊瑚的生长，但若光照缺乏，珊瑚动物则会将藻类排出体外，摆脱藻类的影响。这或许表明，当光线不足或严重缺乏时，藻类植物的生理机能全然发生变化，新陈代谢的产物变为有害物质，于是珊瑚动物必须将藻类植物扫地出门。

珊瑚群落中还存在其他奇特的联系。在佛罗里达礁岛群等西印度群岛地区，袋腹珊隐蟹在活脑状珊瑚群落的上表面，凿出炉灶形的腔室。它设法凿开一条半圆形通道，供它年幼时进出珊穴。但是，当它长大成年，恐怕就会被困在珊瑚中，再也无法外出。关于佛罗里达袋腹珊隐蟹的种种细节，人们还知之甚少，但在大堡礁珊瑚群栖居的相关物种中，只有雌蟹会形成珊瑚瘿蟹。雄性体型微小，据说会在雌蟹困于腔室时常去探望。海水流入腔室，雌蟹便过滤掉海水中的生物体，勉强为生。与雄蟹相比，雌蟹的消化器官和附肢都有了明显改良。

在整座珊瑚礁，以及近海水域，柳珊瑚四下繁茂，数量甚至超过石珊瑚。扇形柳珊瑚俗称"海扇"，紫罗兰色调的海扇沿着流水铺展它的丝带。海扇上上下下数不清的小嘴从细孔中凸出，触须伸向海水中捕获食物。海扇之上，常常栖居中一种小型蜗牛，名为"火烈鸟舌蜗牛"，它身披一层坚硬且打磨光滑的外壳，壳上伸展覆盖着一层外套膜，以浅肉色为底，布满星星点点黑色粗糙的三角形斑纹。鞭形柳珊瑚俗称"海鞭"，在此处的数量更为庞大，形成茂密的海底灌木丛，通常齐腰高，时而也有一人多高。珊瑚礁中的柳珊瑚色彩缤纷多样，丁香色、紫色、黄色、橙色、棕色和浅黄色交相辉映。

结壳海绵给珊瑚礁壁铺上黄色、绿色、紫色和红色的垫子，偏口蛤、海菊蛤等珍稀软体动物栖息在珊瑚礁上，长刺海胆给珊瑚礁的洞穴裂缝扎补上黑色的长刺，一群群色彩鲜艳的鱼儿沿着珊瑚礁的立面轻快游动，而独行的猎手，比如灰笛鲷和梭子鱼，也游弋其中，伺机抓捕猎物。

夜晚将珊瑚礁唤醒。白日里躲在石质枝丫、高塔和穹顶外立面，缩进杯状保护壳避光的珊瑚小动物们，等到夜幕降临，便立刻探出长着触须的脑袋，捕食浮向海面的浮游生物。小型甲壳类动物以及诸多类型的微浮游生物，一旦漂浮或游荡过珊瑚的枝丫，不经意碰到了触须，便会立刻成为触须上千万个刺细胞的受难者。浮游生物尽管个体微小，但要想毫发无伤地从鹿角珊瑚那错综复杂的枝丫间穿过，仍是机会渺茫。

珊瑚礁中的其他生命也响应着夜晚和黑暗的呼唤，从白日里隐身的岩穴裂缝中倾巢而出。甚至躲藏在大型海绵中的独特动物群，比如小虾、片脚类等藏在海绵管腔深处的不速之客，到了夜里也沿着幽深狭窄的长廊爬出，聚集在入口处，观望着这片珊瑚礁世界。

一年中总有几个特别的夜晚，珊瑚礁上会进行一些非同寻常的活动。名声远扬的南太平洋矶沙蚕，只会在特定月份的特定月相聚集成群，展开规模庞大的产卵活动。矶沙蚕还有一种少有人闻的近缘蠕虫，生活在西印度群岛的珊瑚礁，或至少分布在佛罗里达礁岛群当地。在佛罗里达海角的托尔图加斯群岛，以及西印度群岛的部分地区，大西洋矶沙蚕的产卵行为也得到了多次观察。在托尔图加斯群岛，矶沙蚕总是在七月产卵，通常集中在下弦月，偶尔也会在上弦月，但从不会在新月。

矶沙蚕栖息在死去的珊瑚岩洞穴里，有时是侵占其他动物挖的坑道，有时也会一点点将岩石碎片咬下，自己挖掘洞穴。这种奇怪小生灵的生活似乎是被光线支配着。尚未成熟的矶沙蚕排斥一切光线，不仅排斥阳光，也排斥满月时的月光，甚至排斥朦胧的月光。只有在夜晚的至暗时刻，光线对它的强大禁锢移除，它才会冒险爬出洞穴，稍稍向外爬行几英寸，啃食岩石上的植被。然后，当产卵季临近，矶沙蚕的体内会发生显著变化。随着性细胞成熟，矶沙蚕身体后三分之一的颜色会发生变化，雄性变为深粉，雌性变为灰绿。而且，身体的这一部分将会被卵子或精子鼓得膨胀，壁薄而脆弱，这部分与前部的身体之间还会产生明显的收缩。

终于，产卵之夜来临，此时矶沙蚕的身体已发生巨大变化，以一种全新的方式响应着月光的号召，它们不再自囚于洞穴之中躲避着月光，反而倾巢而出，加入一场奇特仪式的盛大演出。它们退出洞穴，伸出肿胀、壁薄的身体后端，后端立刻开始一连串的螺旋扭曲，接着猛地，身体从薄弱处断裂成两截。这两截身体将迎来迥然不同的命运：一截将继续留在洞穴，依旧畏缩在黑暗中，战战兢兢地寻觅食物；另一截将游向海面，成为矶沙蚕千万大军中的一员，加入种族的产卵活动。

在产卵之夜的最后几个小时里，群集的矶沙蚕急速增加，破晓时分，珊瑚礁上方的海面几乎密密麻麻全是矶沙蚕。当第一缕阳光刺破天际，矶沙蚕受到光线的强烈刺激，开始剧烈扭曲收缩，身体薄壁猛然炸裂，卵子和精子被抛入大海。筋疲力尽、囊内空空的矶沙蚕可能还会虚弱地在海水中游动一会儿，然后被赶来赴宴的鱼群饱餐一顿，但剩下的矶沙蚕很快都会坠入海底，然后死去。但是，受精卵还漂浮在海面，在数英尺深、数英亩广的海域里随波逐流。它们的身体内部已迅速发生变化——细胞分裂、结构分化。当天傍晚之前，这些受精卵就会孕育出幼虫，在海水中螺旋游动。幼虫大约会在海面生活三天，然后穴居珊瑚礁，直到一年以后，再次重复种族的产卵行动。

矶沙蚕的一些近缘蠕虫会周期性地在佛罗里达礁岛群产卵，届时整个西印度群岛都将荧光闪烁，在黑夜中上演一场令人眼花缭乱的灯光秀。有观点认为，哥伦布曾记录的，他在十月十一日晚上，"大约登陆前四个小时，月出前一个小时"曾看到的奇异光芒，很可能就是这"海上萤火虫"的杰作。

　　潮水从珊瑚礁处涌来，掠过低洼沼泽地，最后撞上耸立在海岸上的珊瑚岩，终于停了下来。在礁岛群中的一些礁岛上，珊瑚岩经雨蚀风化，依然被打磨得油光锃亮，表面平整，轮廓圆润。但在别的许多礁岛上，海水的侵蚀让珊瑚岩的表面变得粗糙不平、疙疙瘩瘩，呈现出几个世纪以来海浪和盐雾喷溅的溶蚀作用。它像是把惊涛骇浪都凝为了固体，又或是将月球的表面挪为己用。小型岩洞和溶蚀洞沿着高潮线上下伸展。在这里，我总能强烈地感受到，脚下是古老、逝去的珊瑚礁，其间珊瑚的形态现在虽已剥落破碎，难以分辨，但曾经也是精雕细琢的器皿，承载着鲜活的小生命。珊瑚礁的建造者们已经逝去了千万年，但它们所创造的仍保留至今，组成了鲜活的当下。

　　蹲伏在崎岖不平的岩石之上，我听见空气与海水拂过珊瑚礁表面的呢喃轻语，听见了潮间带世界里自然的声响。鲜有生命出没的明显痕迹来打破这孤寂萦绕的咒语。也许会有一只身躯黝黑的等足类动物——海蟑螂，在干燥的岩石间急速穿梭，瞬间消失在一处小型海蚀洞中，若不是为了冒险从一个黑暗洞穴中迅速迁往另一个，它可一瞬也不敢暴露在阳光底下，以及眼神锐利的天敌面前。珊瑚岩中栖居着成千上万只海蟑螂，但只有等到黑暗笼罩着海岸，它们才会成群出洞，搜寻动植物留下的废弃物作为食物。

高潮线上，微小植物的生长将珊瑚岩染黑，沿着这条神秘的黑线，可以标记出大海在全世界基岩海岸上的边缘。由于珊瑚岩表面凹凸不平、沟壑交错，海水会在高潮带岩石之下沿着岩隙凹槽流过，所以黑色区域将锯齿状的山峰、岩穴孔洞的边缘变暗，而黄灰色调的浅色岩石则将支配潮水位以下的浅坑画线。

壳上带有粗条纹或黑白格子纹的小型海螺——蜒螺，聚集在珊瑚的岩缝洞隙中，或栖息在透水岩石的表面，等待潮水回归，为它们带来食物。还有一些外壳圆润，壳面粗犷、饰以串珠的，属于玉黍螺族群。和其他玉黍螺一样，这种饰以串珠的玉黍螺也在尝试着涌入陆地，栖居在海岸高处的岩石或原木之下，甚至挺进陆地植被的外围。黑色蟹守螺成群聚集在略低于高潮线的地带，以岩石上的藻类薄膜为食。活海螺被某种无形的力量束缚在潮位线附近，但当它们死后，它们的壳将会被最小的寄居蟹找到，并据为居所，然后被带到海岸低处。

被严重侵蚀的岩石是石鳖的理想住地，它的原始形态来源可追溯至软体动物的某些古代族类，而石鳖是这些古代族类唯一现存的代表。石鳖椭圆的身体上覆盖着一层由八块横版拼接而成的外壳，当潮水退去，外壳刚好可以嵌入岩石的凹槽中。它们将岩石紧紧抓牢，即便是汹涌涛浪也只能从倾斜的轮廓上一滑而过。当潮涨漫覆，它们便四处爬行，利用齿舌或锉刀一样的舌头从岩石上挫下植被，身体随着挫磨前后摇动。石鳖每月只会在某一方向移动几英尺，基于它久居不动的生活习性，藻类孢子以及藤壶、造管蠕虫的幼虫会在它的壳上定居生长。有时，在阴湿的洞穴中，石鳖会像叠罗汉一样一个个叠成一摞，每只石鳖都可以从身下的石鳖背上刮食藻类。这些原始的软体动物可能是地质变化的微小动因，因为它们从岩石上刮食，每次除去藻类，还刮下了微量岩石颗粒。成百上千年以来，这种古老的种族都过着这样朴实的生活，因此默默加快了球表面被磨损侵蚀的过程。

在部分礁岛上，一种名为"石螵"的小型潮间带软体动物居住在小型岩穴的深处，岩穴入口处通常挤满了贻贝的群落。虽然属于软体动物，而且属于海螺，但石螵没有外壳。它属于主要由陆地蜗牛或蛞蝓构成的族群，这个族群里的动物都没有外壳，或者外壳隐而不见。石螵栖居于热带海岸，通常生活在岩石被严重腐蚀的海滩。潮退后，一行黑色的小石螵列队出洞，扭动着身体从挡道的贻贝足丝中挤出一条路。每个洞中通常会爬出至少十几只小石鳖，像石鳖一样从岩石上刮食植被。它们出现时，身上都包裹着一层黏液，看起来乌黑发亮，闪耀着湿润的光芒。风吹日晒让小石鳖变得干燥，转为深沉的墨蓝色，表面有一层淡乳色的光泽。

外出时，石鳖在岩石上爬行的路线似乎是随机或无规律的。当潮水落至最低处，甚至转而回升，石鳖还在进食。当回覆的海水还有半小时就要将它们淹没，甚至当第一滴海水就要溅入它们的洞穴，所有石鳖才停止刮食，开始返回窝穴。虽然它们外出时的路线曲曲绕绕，返回时却取近直达。即便回程将经过严重腐蚀的岩石表面，甚至会与其他队伍的回家路线交错，但每个洞穴群落的成员都全部回到了家中。同一个洞穴群落的成员，虽然觅食时四散分开，但几乎会在同一时刻启程回家。是什么刺激了它们的这一行为呢？必然不是回覆的潮水，那几乎还没沾着它们；当潮水再次拍上它们筑穴的岩石，它们已平安待在穴中。

这小家伙的全部行为模式都很令人费解。它的先祖在数千年，甚至数百万年前离开了海岸，它为何又重返被先祖遗弃的海的边缘定居？只有当潮水退去，它才会外出，然后不知何故，感知到大海即将回归，像是记起了它与陆地最近的亲密，又连忙赶在潮水将它找到并带走前，急匆匆地返回安全的地方。对大海若即若离的这种习性，它是如何获得的？我们只能发问，无力回答。

为了在觅食途中保护自己，石鳖具有可以侦测和驱逐天敌的秘密武器。它背上的微小瘤子对光线及掠过的阴影十分敏感。此外，与外套膜关联、更结实的瘤子还具有腺体，能分泌出乳状强酸性液体。一旦被惊扰，它就会喷出一股股酸液，液体在空中散成细小的飞沫，可射出五六英寸远，相当于它身长的十几倍。德国已故动物学家森珀（Carl Semper），曾潜心研究生长在菲律宾的一种石鳖，他相信，这攻防兼具的装备可以保护石鳖不受在海滩上蹦来蹦去的鲫鱼伤害。鲫鱼常见于热带红树林海岸，喜欢在潮水上蹦跶，以石鳖和螃蟹为食。森珀认为，石鳖可以侦测到鱼类靠近的身影，并喷射白色酸雾将敌人驱赶。在佛罗里达或西印度群岛的其他地区，没有鱼类会从水中一跃而出、捕食猎物。可是，当石鳖必须在岩石上觅食时，爬行的螃蟹和等足类横冲直撞，很可能会把石鳖推入海中，因为石鳖此时无法抓牢岩石。不知道出于什么原因，石鳖像应对危险天敌一样对付螃蟹和等足类，当石鳖被它碰触到，它还是会释放驱敌的化学物。

在热带潮间带的带状区域，生存环境对每一种生命而言都可谓严酷。烈阳的炙热加剧了退潮时暴露在陆地的危险。一层层密不透风的沉积物不断流动着，在平坦或坡度平缓的海床表面沉积，劝阻了大批动植物栖息，让它们返回北部海域，回到海水更清澈、凉爽的基岩海岸。不像新英格兰遍布大量藤壶和贻贝，这里只有零星几只，虽然各个礁岛上的数量不一，但都不太多。这里也没有北部海域壮观的岩藻林，只稀疏地生长着矮小的藻类，包括质地薄脆、分泌石灰质的藻类，它们都不能为相当数量的动物提供庇护或保障。

尽管小潮涨退之间的区域一般不适宜生物栖息，依旧有一种植物和一种动物在这里深感宾至如归，比在其他任何地方都更繁荣兴旺。植物是一种婀娜多姿的藻类，形似一个个绿色玻璃球一样不规则地聚成一团。它名为"法囊藻"，俗称"海瓶"，是一种绿藻，巨大的囊泡里满是汁液。汁液与周围的海水有一定化学关系，所含钠离子和钾离子的比例会根据阳光强度、海水冲击等外部环境的不同而发生改变。在悬岩底下，或其他隐蔽之处，翠绿色的球体成片成团地聚集，半掩在漂流沉积物的深处。

珊瑚海岸潮间带的代表动物，是一群海螺，它的身体结构和生存模式皆与典型软体动物存在显著差异。其名为"蛇螺"，或"蠕螺"，外壳不似一般腹足类动物呈尖锥或圆锥状，而是呈宽松伸直的管状，酷似蠕虫建造的钙质管。栖息在这片潮间带的蛇螺已形成群落，管壳密密麻麻，交织成一团。

这些蛇螺的特质，以及它们与近缘软体动物在外形和习性上的不同，充分彰显了生存世界的环境，以及生命时刻做好准备适应空缺的龛位。在这珊瑚礁台上，潮水每日涨落两次，每一次潮水都会从近海带来新鲜的食物补给。只有一种办法可以完美利用这丰富的给养，那就是停留在一处，一动不动，等待潮水涌过时，捕捞起食物。在别的海岸上，藤壶、贻贝、管虫等动物也惯用此招，百试不爽。这并非寻常海螺的生活方式，但为了适应环境，这种异乎寻常的海螺变得久居不动，抛弃了螺类特有的漫游习性。它们不再独居，群居程度达到了极端。它们生活在拥挤的群落里，外壳相互交缠得如此紧密，早期地质学家甚至称此形态为"蠕虫岩"。它们甚至还放弃了一般海螺从岩石上刮食，或捕猎吞食其他大型动物的习性，相反，它们将海水吸入体内，再过滤出微小的浮游生物，作为食物。它们的鳃尖可以从壳中伸出，像网一样在水面拖曳，这种改变可能在所有和螺类一样的软体动物中都是独一无二的。蛇螺对于生命有机体的可塑性，以及它对周围世界的积极响应，都做出了明确的展示。一群又一群迥然不同、毫无关联的动物，在遇到相同难题时，都为了实现共同的生存目的，进化出不同的结构，一遍又一遍。因此，在新英格兰的海岸上，大批藤壶将近缘物种作为游泳附肢的结构改造，用来从潮水中掠取食物。当海浪席卷南部海滩，成千上万只鼹蟹聚集在海岸，用触角上的鬃毛过滤食物。而在这珊瑚海岸，挨挨挤挤的奇特螺类用它们的鳃过滤涌来的潮水。蛇螺虽然并不完美、异乎寻常，但它们完美适应了生存的环境，充分利用着生存的机会。

低潮带的边缘是一条深色的线，由长有短刺的钻岩海胆摹写。珊瑚岩的每一个裂口凹坑，都林立着它们小小的深色躯体。记忆中，佛罗里达礁岛群中有一处海胆的乐土，就在东边某个礁岛向海的海岸。在那里，岩石在陡峭的阶面下跌，底部被略微切割，并且岩面被严重侵蚀出孔洞和小型岩穴，许多岩顶都是露天敞开。我站在潮线上方的干燥的岩石之上，俯瞰着底下以海水为底，以岩石为墙的小型岩穴，发现在其中一个不到 36 立方分米大小的岩穴中，挤着 25 至 30 只海胆。阳光下，岩洞发出绿色的水光，将海胆球形的身体映衬出红润的光泽，鲜艳明亮，与黑色的刺形成强烈的对比。

再往海里稍远一些，海面之下，海床的坡度更为平缓，岩底也未被切割，喜欢在岩石上钻孔的小家伙在这里牢牢占据着每一寸可以提供庇护的龛位，给每一处坑坑洼洼的岩底都营造出阴影的错觉。目前尚不确定，它们究竟是用身体下表面的五颗又短又粗的牙齿在岩石上刨出一个个洞，还是仅仅利用岩石上天然形成的凹坑来寻一处安全锚地，以抵御偶尔席卷海岸的风暴。出于一些难以理解的原因，这些钻孔海胆和它分布在世界各地的近缘物种，都被限制在这条特殊的潮位线生活。这条无形的纽带精确无误且不可思议地将它们都连接在一起，防止它们在礁坪之外游荡徘徊，虽然其他种类的海胆在那些海域繁盛兴旺。

在钻岩海胆生活区域上下，密密麻麻的淡棕色管状生物在白垩质沉积物上伏地挺身。当潮水退去，它们的身体组织就会向内缩回，一点看不出它们原来是一群动物，倒像是一些奇形怪状的海洋真菌。但当潮水再次将它们淹没，它们的动物属性便显露出来。这些形似海葵的生物开始在潮水中寻觅食物，于是每一根浅黄褐色的管壳中，都伸出一圈王冠一样的触手，是最纯净的翠绿色。为了生存，它们必须将纤弱的触须组织保持在密不透气的沉积物尘埃之上。虽然管壳通常又短又粗，但这些花群海葵可以在沉淀物堆积较深之处，将它们的身体伸展成细长的线。

在许多礁岛向海的一侧，海底坡度平缓，大约四分之一英里或更远的海域内都可以涉水而行。一旦越过钻岩海胆、蛇螺，以及绿色、棕色的宝石海葵，原本布满粗砂和珊瑚碎片的海底就变得截然不同，开始出现一片片深色的龟头藻，礁坪上也开始有更大型的动物栖息。几乎黑色的大块头海绵，只能生活在庞大身躯可以被完全淹没的海域。体型较小的浅海珊瑚，呈粗壮的枝状和穹顶状，在珊瑚岩的海底挺立坚实的腰板。不知怎的，它们能够在瓢泼而下的沉积物中存活，而这些沉积物对体型较大的造礁珊瑚而言可是致命的。柳珊瑚的生长习性与植物相似，像是带有柔和的玫瑰色、棕色和紫色色调的低矮灌木。珊瑚之间，珊瑚丛中，以及珊瑚底下，遍布热带海岸形形色色的动物群，许多动物在这片温暖的海域自由穿行，在礁坪上爬行、游泳或滑翔。

圆筒状大头海绵又笨重又迟缓，单单从外表上看，觉察不到它们深色的大块头身体内正在进行的活动。晃眼一看，瞧不出这里有任何生命的迹象，但只要耐心等待，慢慢观察，就能发现一些圆形开口被故意关闭。这些开口大到足以让一根手指探入，穿透了海绵平坦的上表面。开口是巨型海绵得以存活的关键特质，即便是最小型的海绵，也只能在保持海水在体内循环时，才可以生存。垂直的侧壁被小孔径的进水渠刺破，一组组进水渠上覆盖着带有许多穿孔的筛板。进水渠几乎水平地通向海绵内部，渠道不断分支，形成越来越小的孔道，将海绵的大块头身体戳得千疮百孔，最后向上通往大的出水口。也许是由于水流向外流出的力量，出水口没有被沉积物堵塞，总而言之，这是海绵全身上下唯一呈纯黑色的部分，因为海绵其他的黑色表面都被珊瑚礁的沉积物像洒面粉般，洒满了白色的粉末。

海水在海绵体内流经时，会在水渠壁上留下一层微小的食物有机体和有机碎屑。海绵的细胞将食物吸收，并将可消化的物质在细胞间传递，然后把废渣运回流水中；氧气被海绵细胞吸收，二氧化碳则被排出。有时，在母体内完成早期发育的小海绵幼体，会与母体分离，然后顺着黑漆漆的流水通向大海。

错综复杂的孔道，可以提供庇护所，供给食物，所以引来了诸多小生物栖居在海绵体内。有的来来往往，有的一旦定居便不再迁离。有一种小虾便是这样长久地在海绵体内寄宿。它名为"枪虾"俗称"咔嗒虾"，因为它挥舞大螯时会发出"咔嗒咔嗒"的响声。尽管枪虾成年之后便被困在海绵体内，但幼虾从附着在母虾附肢上的卵中孵化出来后，便随着水流进入大海，然后在潮汐和海流中生活一段时间，漂流、游弋，或许还会被海水带去遥远的远方。偶尔运气不好，它们可能误入没有海绵生长的深海区。但许多幼虾会及时发现并游向黝黑笨重的圆筒状大头海绵，进入海绵体内，并开始像它们的父辈那样奇特地生活。它们在漆黑的廊道中徘徊，从海绵壁上刮下食物。沿着圆柱形的通道爬行时，它们会把触角和大螯伸在身前，好像是为了感知前方是否会出现体型更大甚至颇具威胁的生物。因为除了枪虾，海绵体内还会有形形色色的大量寄宿者，比如其他虾类、片脚类动物、蠕虫、等足目动物。如果海绵的体型非常庞大，体内的寄宿者将数以千计。

我曾在礁岛群外的礁坪上，打开了小型圆筒状大头海绵的开口，接着便听见枪虾挥舞大螯的警告声，随后这琥珀色的小生物便匆忙躲进更深处的腔洞。当傍晚潮退，我在岸边踩水，空气中也曾传来这同样的声响，将我萦绕。所有裸露在空气里的珊瑚岩中，都发出了细微的奇怪声响，像是什么在敲击捶打，但让人听着烦躁抓狂，只是难以定位声音的源头。当然，附近的锤击声肯定是从这块特别的岩石处传来，然而当我跪下仔细审视时，这里却是一片寂静。接着，除了手中的这块岩石静默无声，四面八方再次奏响小精灵的打击乐。我永远无法在岩石中找到这小虾，但我知道它们与我在圆筒状大头海绵中发现的枪虾是近缘。每只枪虾都长有一只榔头似的大螯，体型大得几乎等同于它身体的其他部分。大螯有两指，可动指上长有杵突，不动指上长有臼窝，闭拢时二者刚好嵌合。显然，当枪虾举起可动指时，是靠吸力来保持位置；而要将它放低，则必须施加额外的肌肉力量，并且当吸力不足，便会听见"咔嗒"一声，二指卡入到位，并且从臼窝中喷出一股水来。喷射的水流可以击退敌人，并帮助捕猎，因为大螯在猛烈闭合的一瞬所产生的声波，可能将猎物振晕。但无论这套机械装置有多大价值，枪虾在热带及亚热带的浅海海域大量繁衍生息，"咔嗒咔嗒"地不停闭合大螯，让整个海洋世界都充斥着此起彼伏的刺耳声响，给水下监听设备造成极大的外部噪音干扰。

五月初的一天，我在俄亥俄礁岛附近的礁坪上，第一次意外遇到了热带海兔。那时，我正在一块礁坪上涉水而过，礁坪上长着异常高大的海藻。突然，藻丛中传来一阵动静，将我的目光吸引到几只体型笨重、1英尺见长的动物身上。它们淡褐色的皮肤上长有黑色的圆环。当我用脚轻轻点触其中一只时，它立马喷射出一团蔓越莓汁那样颜色的液体，将身体隐藏。

几年前，我在北卡罗来纳州海岸第一次遇到海兔，那是一种几乎和我的小指差不多长的小生物，那时它正在石堤附近的一些海藻丛中安静地觅食。而五月初的这一天，我把手伸到热带海兔身下，轻轻将它拿到我面前，随后确认了它的身份，又小心翼翼地把这个小家伙放回了藻丛，让它继续进食。必须彻底改变我对海兔的刻板形象，我才能接受这神话传说中出现的热带生物，是几年前我见过的那只小精灵的近亲。

西印度群岛的大型海兔栖息在佛罗里达群岛以及巴哈马群岛、百慕大群岛和佛得角群岛。在这广阔的栖息地内，海兔通常生活在近海，但在产卵季节，它们会移动到我刚发现它们的浅滩上，然后用缠结的线将它们的卵附着在低潮线附近的海藻上。海兔是一种海洋海螺，但已经褪去了外壳，只在体内残留一个薄壳，掩在柔软的外套膜组织之下。两只突出的触手像一对耳朵，身形也像野兔，所以它才有此俗名。

或许是因为外貌奇特，又或许是会喷射有毒液体来防御敌人，长久以来，旧世界的海兔总在民间传说、迷信和巫术中占有一席之地。《金驴记》的作者阿普列尤斯对海兔的内部解剖很感兴趣，于是说服了两位渔夫给他带来一只标本，接着他就被指控行巫和投毒。大约又过去了 15 个世纪，还是没有一人胆敢公开发表海兔的内部解剖说明，直到 1684 年，弗朗切斯科·雷迪（Francesco Redi）才将它公之于众。尽管那时人们普遍将海兔认作是一种蠕虫，或者海参，抑或鱼类，但雷迪正确地——至少大致正确地——将海兔归为海蛞蝓。在过去的一个多世纪里，海兔的无害性得到了广泛认可，但尽管海兔在欧洲大陆和不列颠岛上家喻户晓，主要生活在热带海域的美洲海兔，却不大为人熟知。

热带海兔这般籍籍无名，也许部分是因为它们很少会在产卵季迁入感潮水域。海兔雌雄同体，身上可以有雌雄任意一种性器官，或两者兼而有之。产卵时，海兔会一汩汩地挤出一条细长的卵索，每次大约只挤出 1 英寸。这个过程将缓慢持续，直到卵索达到一定长度才会停止。有时，卵索可长达 65 英寸，含有大约 10 万个卵。粉色或橙色的卵索被排出体外，会缠绕在周围的植被上，形成一团缠结的卵块。卵以及后来孵育而成的幼体，将会遭遇海洋生物的共同命运：大量的卵会被摧毁，被甲壳类动物或其他捕食者，甚至它们自己的同类吃掉；许多孵化的幼体，无法在作为浮游生物的阶段里，从种种危险中幸存下来。海流将幼体携往近岸，当它们变态为成体，寻找附着的基底时，它们又来到了深海。当它们向海岸迁移时，身体的颜色会随着食物的变化而改变：起初是深玫瑰色，然后是棕色，接着是和成虫一样的橄榄绿。至少对于其中一种欧洲海兔而言，它的已知生命史与太平洋鲑鱼的有着异曲同工之妙。发育成熟之后，海兔会转头前往海岸产卵。这是一趟不归路，离岸的觅食区再也不会见到它们的身影，因为它们显然在完成了这一生一次的产卵后就死去了。

礁坪世界里栖息着海星、海蛇尾、海胆、沙钱和海参等形形色色的棘皮动物，它们在珊瑚岩上、移动的珊瑚砂中、柳珊瑚的海花园里，以及铺满海藻的海床上安家。它们都是海洋世界里极为重要的生物资源，是生物链条中不可或缺的一环：向大海索取物质，一个传递给另一个，然后物质回归了海洋，又再次向大海讨要。有些棘皮动物在建造和破坏土壤的地质进程中也尤为重要：是它们让岩石被磨为细砂，让覆盖海床的沉积物堆积、移动、分类和散布。棘皮动物死后，坚硬的骨骼还会为其他动物提供钙质，或帮助建造珊瑚礁。

珊瑚礁上，长有长刺的黑色海胆沿着珊瑚墙的墙基挖掘洞室。每一只都将身体陷在凹坑里，只让长刺朝外，因此人们若沿着珊瑚礁游过此地，便会看见林立的黑色刚毛。这种海带也会在礁坪上游荡，依偎在圆筒状大头海绵的基底附近；有时，它若认为显然无须隐藏，还会倚靠在开阔的砂床上。

一只发育成熟的黑色海胆，身体或介壳直径可达 4 英寸，尖刺长度可达 12 至 15 英寸。它是海岸上为数不多会产生毒素、不可触摸的一类动物，据说碰一下纤长、中空的尖刺，就像被大黄蜂蜇伤一样，对于儿童或特别敏感的成人而言，后果将更为严重。显然，包裹在尖刺上的黏液带有刺激物或毒素。

这种海胆对周围环境的感知程度非同寻常。将手放于海胆之上张开，所有尖刺便会在底座上调转，气势汹汹地对准入侵的物体。若是将手从海胆的一侧移往另一侧，尖刺也会随之调转。西印度群岛大学学院的诺曼·米洛特（Norman Millott）教授表示，在海胆身体各处广泛分布的感觉接收器，可以接收光线强度变化所传达的信息，会将光线突然减弱视为危险降临的朦胧预兆，然后做出最激烈的反应。因此，从这种程度而言，海胆的确能"看见"身边有物体移动经过。

这种海胆还以某种神秘方式与大自然的宏大节律联系在一起——在满月时分产卵。每逢夏季朔望月，月光最耀眼的夜晚，卵子和精子便被排入海水之中。无论是什么刺激了这个物种中的每一个个体做出反应，这都确保了生殖细胞大量在同一时刻释放，达成了大自然对于物种延续的要求。

在礁岛附近的浅海海域，生活着石笔海胆，它因又短又粗的尖刺得名。石笔海胆喜欢独居，通常会在珊瑚礁的岩石之间，或在低潮线附近寻一隐秘处独自生活。它看上去行动迟缓、感知迟钝，对入侵者的存在全然无知，当它被拾起时，也毫不挣扎，不会试图用管足抱紧住地不放。它属于古生代时期至今仍唯一存在的现代棘皮动物科，与数亿年前的先祖相比，它现在的形态几乎没有变化。

还有一种海胆，尖刺又短又细，色彩多样，从紫罗兰色到绿色、玫瑰色或白色不等。有时，它们会大量出现在铺有龟头藻的砂底，用管足抓握藻屑，或用贝壳、珊瑚的碎片伪装自己。和其他许多海胆一样，它也能改变地质：用洁白的牙齿啃咬贝壳和珊瑚岩，剥落碎屑，然后将碎屑送入消化道的研磨机。这些有机碎屑在海胆体内经过修剪、研磨和抛光，最终形成热带海滩的沙砾。

珊瑚礁坪上，海星和海蛇尾的群落也随处可见。巨大的网瘤海星孔武有力，通常在离岸稍远的海域更为密集，整个群落都聚集在白色的沙滩上。但喜欢独居的个体会在近岸游荡，尤其偏爱藻类丰茂的区域。

一种名为"盖丁指海星"的红褐色小海星，有折断腕臂的奇怪习性。断掉的腕随后会长出四条新腕，连成一串，暂时就像彗星的尾巴。有时，盖丁指海星还会把中央盘横断成两半，然后再生，就成了具有六腕或七腕的海星。将躯体分裂似乎是幼体海星采用的一种繁殖方法，因为成体海星不再分裂，而是通过产卵繁衍。

海蛇尾居住在柳珊瑚的根部、海绵的身下和体内，还有活动的岩石底下，以及珊瑚岩被侵蚀的小型洞穴中。它们的手臂纤长灵活，每条都由一连串形似沙漏的"椎骨"组成，能够曲折优雅地活动。有时，它们以两条腕的尖端站立，随着水流摇曳，同时弯曲别的腕，就像一位优雅的芭蕾舞者。在基底爬行时，它们先向前伸出两条腕，再回拉中央盘和其余的手臂。海蛇尾以微小的软体动物、蠕虫和其他小型动物为食，同时，它们也是许多鱼类和其他捕食者的食物，有时还会被某些寄生虫杀死。海蛇尾的皮肤里可能还生长有小型绿藻，它会溶解钙质板，导致腕臂断裂。还有一种奇特的退化型桡足类可能寄生在海蛇尾的生殖腺，将生殖腺摧毁，导致宿主不再有生殖能力。

我将永生难忘与西印度群岛的蔓蛇尾第一次相遇的情景。那时，我正涉水离开俄亥俄礁岛，水深刚没膝，我在藻丛间发现了它，它在潮水上轻轻漂荡。它的上表面呈幼嫩的浅黄褐色，下表面颜色较浅，臂尖上不停搜索、探寻、考查的小须枝叫人想起细嫩的植物卷须，不停向上生长的藤蔓就是依靠这些卷须来寻找它可以附着的地方。我在它旁边站立了好几分钟，眼里心底全是它别致又纤弱的美。我一点儿也不想将它"收藏"起来，打扰这样美丽的生灵将是一种亵渎。最终，为了赶在潮水上涨之前探访礁坪的其他地方，我不得不继续前进，等我回来时，蔓蛇尾已不知所踪。

蔓蛇尾与海蛇尾、蛇星是近亲，但它与后两者在结构上具有显著差异。蔓蛇尾的五条腕中，每一条都岔开成"V"字形，然后它的腕会再次分支，一而再，再而三，直到卷须在蔓蛇尾的身体外围缠绕成一座迷宫。早期的博物学家沉迷品赏戏剧，将蔓蛇尾命名为希腊神话中的怪物——"蛇发女妖"。蛇发女妖头生毒蛇，面目可怖，可以将一切正视她的人变成石头。所以，这奇异的棘皮动物大家族也被称为"女妖的头"。想象中，蔓蛇尾的形貌如一绺蛇形的头发，但给人的印象却是美丽、高雅而清婉。

从北极一直南下到西印度群岛，沿海水域中生活着一两种蔓蛇尾，它们大多下潜至水下近一英里处的幽暗海底。它们也许会腕足尖轻轻一点，在海床上优雅地来回踱步。正如亚历山大·阿加西兹<sup>①</sup>（Alexander Agassiz）很久以前所描述的那样，这种动物"好似在踮着脚尖，于是它的腕臂分支像栅格一样将它包围，延伸向地面，中心盘形成了一个屋顶"。还有，它们可能会攀附在柳珊瑚或其他固定的海洋生物上，并伸入水中。分支腕臂就像一张细筛网，用来诱捕小型海洋生物。出于某种原因，蔓蛇尾不仅数量庞大，而且个体们会成群结队，就像是为着某个共同的目的。然后，相邻蔓蛇尾的腕臂彼此缠绕，形

---

① 亚历山大·阿加西兹（1835—1910），美国著名科学家、实业家，美国人文与科学院院士，美国国家科学院院士及校长。——编者注

成一张活生生的巨网。成千上万根卷须可达之处，将猎物一网打尽，无论这猎物是自个儿大胆闯入了网中，还是被巨网无助地卷走。

蔓蛇尾在近岸附近非常罕见，上次匆匆一面，毕生难忘。但是，要想在近岸见到海参这类棘皮动物，就非常容易了。海参，又名"海黄瓜"，因为外形酷似黄瓜。每次涉水到远处的礁坪上，我总能遇见它们。它们庞大的黑色身躯懒散地躺在白色沙滩上，格外醒目；有时，它们的部分身体也会被沙子掩埋。海参在海洋里的功能大致与陆地上的蚯蚓相当，它们咽下大量的沙子和泥土，并在体内消化，然后排出体外。大多数海参利用强健的肌肉控制滞钝的触手冠，将海底的沉积物铲入口中，然后当碎屑在它们体内穿过时，从中摄取食物颗粒。也许在这过程中，一些钙质会被海参体内的化学物质溶解。

由于数量庞大，且具备改造土壤的行动特性，海参深刻地影响着珊瑚礁和岛屿周围海底沉积物的分布。据估计，在不到2平方英里的区域内，海参单一年内便可以将1000吨海底沉积物重新分布。还有证据表明，它们也致力于在深海海底开展改造工作。一层层沉积物缓慢而持续地堆积，排列有序，地质学家甚至可以从中了解到地球的过往历史。但有时，沉积层会被奇怪地扰乱。比如，源自维苏威火山等一些古代火山喷发形成的火山灰碎片，并不沉积在代表火山喷发和确定喷发年代的薄层中，而是广泛散布在其他沉积物的上覆层中。地质学家认为，这是深海海参的杰作。其他来自深海挖掘和海底取样的证据表明，海底深处存在着成群海参，它们在海底劳作，然后由于这深幽无光的海域食物稀缺（而非由于季节变化），举家搬迁，或大规模迁徙。

但它们具有一种奇怪的防御机制，在受到强烈干扰时就会启用。然后，海参可能会将身体剧烈收缩，并通过体壁的裂口将大部分内脏器官抛出。这种行为无异于自杀，但海参通常会继续存活，并在体内生长出一套新的器官。

罗斯·尼格雷利（Ross Nigrelli）博士和他在纽约动物学会的同事们近来发现，西印度群岛的大型海参（也出现在佛罗里达礁岛群），会产生一种已知动物中最强的毒素，这可能是它的一种化学防御手段。实验室研究表明，即使是小剂量的毒素也会对从原生动物到哺乳动物的各种动物产生影响。当海参抛出内脏时，与它同处一个水族箱的鱼类都会死亡。对这种天然毒素的研究揭示了，许多与其他生物共同生活的小生物，将面临一定危险。海参吸引着许多这样的动物伙伴或共餐动物。一种小型珍珠鱼——潜鱼就生活在这种特殊物种的体内，以海参的泄殖腔为庇护所。海参的呼吸运动，将持续为潜鱼供给富含氧气的海水。但是，共生的潜鱼实际生活在一个随时可能爆裂的致命毒药桶旁边，它的幸福安康，甚至生命安全都悬于一线。显然，潜鱼还没有对海参的毒素产生免疫力，因为尼格雷利博士发现，如果海参受到惊扰，即便没有真正将内脏抛出，它的寄宿者也会在垂死状态下漂流到海参的体外。

云影一样的黑色斑块散落在礁坪的近岸浅滩。每一片云影都是茂密的海藻以扁平的叶片推叠海沙，为许多动物建造了一个水下的避难所。礁岛群附近的海藻斑块，主要由龟头草构成，其中可能还混杂有丝粉藻和川蔓藻。它们都属于最高等的植物——种子植物，因此与一般的藻类或海藻有所不同。藻类是地球上最古老的植物，一直生活在海洋或淡水中，但种子植物大约是在6000万年前才在陆地出现，而现在生活在海洋里的种子植物，是陆生植物在海洋的后代——它们迁往海洋的缘由和方式很难说清。它们现在生活的地方，被咸咸的海水淹没，海浪在它们上方翻涌升起。它们在水下盛开朵朵鲜花，花粉通过水传播，它们的种子成熟脱落，被潮水冲走。它们将根扎入沙子和移动的珊瑚碎片中，比无根的藻类附着得更牢固。在它们茂密生长的地方，近海的沙子鲜少受到海流的席卷，这就像在陆地上，沙丘草可以保护干沙不被大风卷走。

许多动物在长满龟头藻的岛屿上找到了食物和住所。巨大的网瘤海星就生活在这里，此外还有大型的粉红凤凰螺（又名"女王凤凰螺"）、金拳凤凰螺、郁金香旋螺、唐冠螺，以及鹑螺。一种样貌奇特、身披盔甲的鱼——牛角箱鲀，在海底游弋，将藻叶分开，叶片上紧抓不放的是海龙和海马。小章鱼躲藏在海藻的根丛间，被追赶时会潜入柔软的海沙深处，顿时不见踪影。藻皮底下的藻根下边，还大量栖息着形形色色的其他小生灵，它们生活在阴影下方的阴凉深处，只有当夜幕降临，黑暗笼罩之时，才会外出活动。

但白日里，人们若涉水到藻丛间，透过水望远镜的澄清玻璃向下凝望，或许还是会见到许多勇敢的居民。若戴着潜水面罩向下看，还会见到它们在更深处的海藻上方游来游去。在这里，人们最容易找到的大型软体动物，一定早已在日常生活中熟知，因为它们死去之后的空壳常常会出现在海滩或贝壳收藏展上。

此处藻间栖息的是女王凤凰螺，早期几乎家家户户的维多利亚壁炉架或炉子上，它都有一席之地。即便今天，佛罗里达州的每个路边摊上也摆放着数百个女王凤凰螺，作为出售给游客的旅游纪念品。然而，由于过度捕捞，女王凤凰螺在佛罗里达群岛群已变得稀有，现在大多是从巴哈马群岛出口到世界各地，用于制作浮雕。在世世代代的努力下，在生物和环境缓慢的相互作用下，女王凤凰螺的防御能力大幅提升，它的重量体积、锋利的螺旋，以及层层武装的壳阶，都掷地有声地说明了这一点。尽管外壳笨重、身体臃肿，要滑稽地跳跃翻滚，才能将自个儿推出去，并在海底移动，女王凤凰螺其实机敏善察。也许这要归因于两条长长的管状触手尖端上的眼睛。眼睛移动和定向的方式无疑证明，女王凤凰螺接收到对周围环境的印象，并将这印象传送到代替大脑功能的神经中枢。

虽然这份力量和觉察，似乎很适合让女王凤凰螺过上掠食的生活，但它很可能只是一种食腐动物，主动捕食不过偶尔为之。它的天敌肯定相对稀少，而且掀不起大浪，但女王凤凰螺却和生物之间形成了一种奇特的共生关系。一种小鱼喜欢生活在它的外套腔内。当它的身体、足部全都缩回壳内，壳中已十分局促，但不知为何，1英寸长的天竺鲷却在里面找到了生存的空间。每当遇到危险，它就会冲进螺壳深处的肉穴。当女王凤凰螺把身体缩回壳中，并关闭镰刀形的鳃盖时，它就被暂时禁锢在里面。

但对于其他想要进入壳内的较小生物而言，女王凤凰螺的反应就没这么宽容了。许多海洋生物通过海流扩散的卵、海洋蠕虫的幼虫、微型虾，甚至鱼类，或者沙砾等无生命的颗粒，可能会在螺壳内部漂流游动，并寄生在壳上或外套膜上，让宿主倍感不适，十分恼怒。对此，女王凤凰螺以古老的防御手段作出回应：隔绝微粒，让它不再刺激娇嫩的组织。外套膜的腺体在异物核周围分泌出一层层的珍珠母，也就是在壳内形成的一层带有光泽的物质。这样一来，人们便会不时发现，女王凤凰螺的体内产生了粉红色的珍珠。

当游泳的人漫无目的地在龟头藻上方缓缓漂过，如果他足够耐心，而且善于观察，他可能会看到别的生命居住在珊瑚砂之上。珊瑚砂上，薄而扁平的藻叶向上伸展，随波摇曳，涨潮时斜向海岸，退潮时倾向大海。的确，无论是颜色，还是在水中摇曳的姿态，它都像极了藻叶。但是，假如这位游泳者观察得足够仔细，他将会发现，他所以为的这片"藻叶"冲破了沙土，在水中游荡。海龙的身体极为修长，由骨环构成，看起来一点也不像鱼类。它在藻丛间缓慢地游动，从容不迫，身体时而垂直，时而平靠在水中。它纤细的头部长有瘦长的吻，当海龙搜寻小型动物来当作食物，头部就会往前一伸，探进一簇簇龟头藻的叶子里，或是藻根丛间。突然，它的脸颊快速膨胀，一只微小的甲壳类就被吸入管状的嘴中，好像人们用吸管喝汽水一样。

海龙的成长方式十分特别。在无助的幼年期，它们的发育、抚养和饲喂全由雄海龙负责，幼海龙被雄海龙放进一个育儿囊里保护。交配时，卵子受精，雌海龙就把受精卵放入这个育儿囊。幼海龙在囊中发育、孵化，即便后来早已可以自由自在地在大海里遨游，但一遇危险，它们还是会回到这个育儿囊里，一次又一次。

海马也栖于藻丛间，但它十分善于伪装，只有最敏锐的眼睛才能趁它休息时发现它的身影。它灵活的尾巴紧拽着一片藻叶，瘦骨嶙峋的小身板像一片植物一样伸向海流。海马的身体完全包裹在环环相扣的骨板盔甲中，骨板盔甲取代了普通的鳞片，似乎是一种进化，最早可以追溯到鱼类凭借重型盔甲来抵御敌人的时代。骨板边缘，也就是骨环连接相扣之处，形成了脊椎、结节和棘刺，这些共同组成了海马的独特外表。

海马通常生活在漂浮的植物之间，而不选择扎根的植物。它们可能会携带植物和共生动物成为北迁大军的稳定成员，然后不计其数的海洋生物幼体将来到广阔的大西洋，或向东漂往欧洲海域，抑或马尾藻海。墨西哥湾暖流中的海马航海家，有时会被海流带到大西洋的南部海岸，随之一起的还有附着在海马身上、被风浪携裹的马尾藻。

在一些龟头藻林间，体型较小的居民似乎都会根据周围环境形成保护色。我曾在类似的地方捞起过一张拖网，大把的海藻在网上缠绕，藻间还有几十只不同种类的小动物，全都不可思议地呈现出明亮的绿色。其中，有足部细长多节的绿色蜘蛛蟹，还有藻绿色的小虾，但最奇妙的可能还是年幼的牛角箱鲀。在涨潮线附近的残骸碎片中，常常能发现成年牛角箱鲀的遗骸。和成年的牛角箱鲀一样，年幼的牛角箱鲀也被锁在一个骨质的箱箧里，头和身体都僵硬得一动不能动，只有从箱箧伸出的鳍和尾巴才可以移动。从尾尖一直向上到前突的小牛角，小牛角箱鲀通体都呈周围藻丛的绿色。

尤其是礁岛群间海峡相连之处，浅滩海草丰茂，不时招来珊瑚外礁附近的海龟光顾。玳瑁向着远海游荡，很少会折回陆地；但绿海龟和红头龟常常会游入霍克海峡的浅海海域，或者礁岛群间的航道。在这些地方，潮水极速奔涌。当海龟游访铺满海草的浅滩，它们通常是在寻找海草丛间圆鼓鼓的沙钱，俗称"海饼干"，或者也会捉来几只凤凰螺。除了自己的同类，凤凰螺可能再也不会遇上比大海龟更危险的敌人。

无论向海游荡至多远，红头龟、绿海龟和玳瑁龟都必须在产卵季返回陆地。以珊瑚岩或石灰岩构建的珊瑚礁没有适宜的产卵地，但在托尔图加斯群岛的一些沙礁上，常会见到红头

龟和绿海龟从海面上浮起，慢吞吞地登上沙滩，然后像史前野
兽一样在沙滩上掏窝，埋放它们的卵蛋。但是，海龟的主要产
卵地位于塞布尔角的沙滩、佛罗里达的其他沙洲，以及更北的
佐治亚州和卡罗来纳州的沙滩。

如果说，大海龟只是偶尔才造访一次海草甸，来猎猎食，
那么各类凤凰螺可是日复一日、无休无止地在这里捕食，有时
会猎捕别的同类，但所有凤凰螺都会捕食贻贝、牡蛎、海胆和
沙钱。捕食者中最活跃的是暗红色的纺锤形海螺，名为"马
螺"。只要看它如何进食，就能知晓它是多么强大——壮硕的
身体和螺壳一样呈砖红色，当它伸展全身，将猎物压倒制服，
很难相信这样庞大的身躯可以再次缩回螺壳之中。即便是无往
不胜的皇冠黑香螺，也很难当它的对手。全美洲再没有别的腹
足类动物可以媲美它的个头，因为这里的腹足类动物普遍只有
1英尺大小，而马螺这样的庞然大物足足有2英尺高。鹑螺虽
然常以海胆为食，但这样的大个头也难以与马骡匹敌。但是，
当我临时起意，探访这片凤凰螺的栖息地时，却全然没有察觉
这冷面猎手的肃杀之气。白日里，海草林中一派祥和，动物们
吃饱喝足后，陷入了长长的酣睡。一只凤凰螺在珊瑚砂上滑
翔，一只海参在海草根丛间慢吞吞地挖洞。突然，一只海兔在
丛间飞快掠过，只看得见一片黑影在眼前转瞬划过，这也可能

是此刻唯一可以见到的生命活动的迹象。因为白日里，生命总
退至隐蔽处，埋藏在岩架和岩石的缝隙角落里，潜入海绵、柳
珊瑚、石珊瑚或空壳之中，寻求一方庇护。在岸边的浅水区，
许多生物都必须躲开直射的阳光，不然会刺激到敏感组织，把
自己暴露在猎食者的眼前。

此时的海洋世界如梦似幻，半醒半睡，栖居的生灵都懒
懒怠怠，甚至干脆一动不动。但白日里的没精打采，到了夜里
却迅速转为神采奕奕。当我在礁坪上徘徊到黄昏，一个迥然不
同的全新世界铺展在眼前，不似白日里的安闲从容、慵懒惬
意，此刻四周剑拔弩张，让人不禁屏气敛息。猎手和猎物正式
登场。多刺龙虾从大块头海绵的遮蔽处悄悄潜出，接着在开阔
的水面一闪即过。灰笛鲷和梭子鱼在礁岛群间的海峡来回逡
巡，随即像离弦飞箭，射入浅滩，展开追击。螃蟹从隐藏的洞
穴中现身；形形色色、大大小小的海牛从岩石下偷偷爬出。当
我涉水走向岸边，雷厉的动作、回旋的水涡，以及时隐时现的
阴影，不时飞掠过我回返的路，让我体会到古代戏剧中强者和
弱者的对抗厮杀。

也许夜里，我站在一艘停泊于礁岛群间的船上甲板聆听，
我会听见附近浅水区内，庞然大物移动时的溅水声；或者宽阔
躯体拍打水面的击水声，就像刺鲼跃入空中又跌落海里，然后

再次跳跃、再次跌落，循环往复的跃水声和落水声。被黑夜唤醒、生龙活虎的另一种动物，名为"针鱼"，它的身体修长有力，鱼嘴尖尖长长，像是鸟类的尖喙。白日里，体型较小的针鱼向海岸靠近，常出没在码头和海堤，它们漂浮在水面上，像是稻草漂浮在水中。夜里，远渡而来的大型鱼类来到浅水区觅食，有时独自前来，有时成群结队。它们从海里一跃而出，在水面上不停翻飞，更深夜静时，远远地就能听见它们引发的骚动。渔人们说，针鱼会跃向亮处，如果夜里人们乘着小船出海，适逢针鱼外出捕猎，亮起照明灯极度危险，甚至可以说是不顾死活，因为针鱼将会直直地飞扑过来。渔人的话大有可信之处，因为在礁岛群的部分地区，静夜里将探照灯的光束投向海面，即便此前没有听到任何针鱼的动静，也常常会遇上十几、几十条针鱼一连串地跃出水面，溅起水花。但是，针鱼跳跃的方向通常与光束成直角，它们似乎在试图避开光线。

这一片珊瑚海岸，是近海珊瑚礁被海水淹没的世界，是以岩石作边的浅礁坪的世界，也是红树林营造的绿色世界，寂静、神秘、变幻莫测——蓬勃的生命力足以改变这世界的一切可见面貌。珊瑚决定着礁岛向海的边缘，红树林则占领着内湾的海岸，它们全然覆盖着许多小型礁岛，伸入水中缩小岛屿之

间的空隙，在曾经只是一片浅滩之地建造了一个岛屿，在曾经
是大海的地方创造了陆地。

红树林是植物王国中迁徙最远的一类移民，它们无休无
止地将幼苗送去距母株二十、一百，甚至一千英里外的地方，
建立新的领地。它们的同类生活在美洲的热带海岸和非洲的西
海岸。也许美洲的红树林是在很久以前顺着赤道洋流从非洲漂
洋过海过来，而且新的移民很可能会继续时不时地悄无声息
地抵达。红树林如何到达热带美洲的太平洋沿岸，很值得探
究。因为并没有连续的洋流可以带着它们绕过科恩角，而且由
北向南的寒流，还会阻挡它们前进。目前尚不确定红树林是多
早以前出现，但确切的化石记录大概只能追溯到新生代，而将
大西洋与太平洋分隔的巴拿马海脊可能出现得更早，大概是在
中生代末期。但是无论怎样，红树林终于还是抵达了太平洋沿
岸，并在那里建立家园。它们随后的迁徙方式也很神秘，但
一定把迁徙的幼苗送到了太平洋的大洋流中，因为至少有一
种美洲红树林生长在斐济和汤加的岛屿上，而且幼苗似乎也
漂流到了科科 – 斯基林群岛（Cocos-Keeling Islands）和圣诞岛
（Christmas Islands）。1883 年的火山爆发几乎摧毁了喀拉喀托
岛（Krakatoa），但在这之后，红树林出现在被毁坏的喀拉喀
托岛上。

红树林属于最高等的植物——种子植物。它们的形态最早形成于陆地，因此它们是退回大海的植物学范例，令人着迷。哺乳动物中，海豹和鲸鱼也是这样回到了祖先的栖息地。海草比红树林退得更加极致，终身生活在水下。但为什么会退回盐水呢？也许是红树林或其祖先种群，因与其他物种竞争不过，被迫离开愈发拥挤的栖息地。但不管为何，它们已经入侵并在艰苦的海岸世界站稳脚跟，繁荣兴旺，以至于现在没有任何植物可以威胁它们在栖息地的统治地位。

一株红树林的传奇，始于绿色的长幼苗从母株上掉落到沼泽底部。也许这时恰逢退潮，沼泽的水都被排干，然后，幼苗躺在盘"枝"错节的根系中，等待咸湿的海流涌入，将它举起，之后在退潮时让它漂去大海。在佛罗里达州的南部海岸，每年长出的数十万株红树林幼苗中，可能只有不到一半会在母株附近继续发育，剩下的全部出海。它们的浮力结构能让它们一直漂浮在地表水中，随着水流移动。它们可能会漂流数月，历经日晒雨淋、涛浪冲击的必然苦难，然后幸存下来。起初，它们水平漂浮，但随着年龄增长，以及组织发育进入新的阶段，它们逐渐直起其身子，即将长出的根端向下，准备好牢牢扎根在未来栖息的土壤之上。

也许在这样一株远渡重洋的幼苗的路途上，可能有一个小浅滩，一个离岛海岸的小山脊，由海浪用一粒粒砂石堆积起来。随着潮水将年幼的红树带入浅滩，向下压的尖端接触浅滩底，那敏锐的根尖随机嵌入土中。后期潮汐涨落的水运动将幼苗牢牢地压入接纳它的土壤中。后来，也许海水还会带来其他幼苗并种在它旁边。

年幼的红树刚锚定自己，就开始生长，伸出一层层的根须，向外向下拱起，形成一圈支撑支柱。在这些快速增长的根系中，各种各样的碎屑都停泊下来了——腐烂的植被、浮木、贝壳、珊瑚碎片、连根拔起的海绵和其他海洋生长物。从这样一个简单的开端，一个岛屿就此诞生了。

在二十到三十年的时间里，年轻的红树苗已经长到了树木的高度。这些成熟的红树林可以抵抗相当大的海浪冲击，并且只可能被猛烈的飓风摧毁。这么多年，这样的飓风才来一次。由于支撑根的强大，即使受到猛烈的冲击，也很少有红树被连根拔起。不过，高大的风暴潮会通过沼泽向内陆推进，将海洋的盐分带入森林覆盖的内陆。树叶和小树枝被剥掉并带走，如果风真的很猛烈，大树的主干和主肢会被摇晃和冲击，直到树皮剥落并被带走，裸露的树干暴露在高盐度的风暴中。这可能就是佛罗里达海岸接壤的一些幽灵红树林的过往。但是这样的灾难是罕见的，在佛罗里达州西南部，整个红树林岛屿都成长得很繁盛，它们的生长没有受到任何严重的干扰。

一片红树林，它的边缘树木实际上矗立在盐水中，又延伸回它自己创造的黑暗沼泽，那巨大而扭曲的树干、缠结的根和伸展几乎完整的树冠，充满了深绿色树叶的神秘之美。森林及其相关的沼泽形成了一个奇特的世界。洪水泛滥时，潮水从最外层树木的根部升起，渗入沼泽地，携带着许多小型迁徙者——海洋生物的远洋幼虫。多年来，其中许多已经找到了适合它们生存的气候并生存下来，一些在红树林的根部或树干上，一些在潮间带的软泥中，一些在离岸的海湾底部。红树可能是唯一一种生长在这里的树或者说种子植物，所有相关的植物和动物都通过生物学联系与它产生羁绊。

在潮汐范围内，红树的支柱根上长满了牡蛎，牡蛎的壳上有指状突起，可以抓住这些坚固的支撑物，从而保持在泥浆之上。在夜间退潮时，浣熊牡蛎顺水而下，在泥泞中留下蜿蜒的足迹，从根部移动到根部，在牡蛎壳中寻找食物。皇冠海螺也大量捕食红树林的这些牡蛎。招潮蟹在泥泞中挖掘隧道，当盐潮上涨时，它们会躲在隧道深处。这些螃蟹的非凡之处在于雄性拥有一只巨大的爪子"就像一架小提琴"，它不停地挥舞着，显然是为了交流和防御。"提琴手"吃从沙子或泥土表面采摘的植物残骸，为此，雌性有两个勺爪；雄性，因为它的"小提琴"，只有一个。通过它们的活动，招潮蟹有助于为沉重的泥浆充气，这些泥浆充满了有机碎片，而且氧气非常缺乏，以至于红树林必须通过它们的气生根呼吸，以补充它们埋在地下的根部可以获得的东西。海蛇尾和奇怪的穴居甲壳类动物生活在树根中，而在头顶上的树枝上，鹈鹕和苍鹭的大群落找到了栖息和筑巢的地方。

在这些红树林环绕的海岸上，一些软体动物和甲壳类动物的先驱正在学习如何在海洋之外生存，尽管它们不久前才从海洋中出发。在红树林和潮汐可以漫过海草根部的沼泽地区，有一只小海螺正在向陆地移动，这就是咖啡豆螺，一种短而宽的卵形壳内的小生物，壳内染着周围环境的绿色和棕色。涨潮时，海螺会爬上红树林的根部或草的茎干，尽可能推迟与大海接触的时间。对于螃蟹，陆地形态也正在进化。紫螯寄居蟹栖息在潮汐最高的漂浮物上方的地带，那里的陆地植被环绕着海岸，但在繁殖季节它会向下移动到大海。然后数百只寄居蟹潜伏在原木和浮木下，等待雌性携带在身体下的卵准备好孵化的那一刻。那时，这些蟹冲入大海，将幼仔解放到其祖居的海水里。接近其进化旅程终点的是巴哈马群岛和佛罗里达州南部的大白蟹。它已是陆地居民，并可以呼吸空气，它似乎已经切断了与海洋的所有联系，除了一条。因为在春天，白蟹会像旅鼠一样向大海进发，进入大海释放它们的幼体。随着时间的推移，新一代的螃蟹在海中完成了它们的胚胎生活，它们从水中出来，寻找它们父母的土地家园。

这片由红树林创造的沼泽和森林的世界，向北延伸数百英里，从佛罗里达大陆南端周围的礁岛群开始，向北沿着墨西哥湾海岸，抵达塞布尔角，穿过万岛群岛。这是全世界都极为壮观的红树林沼泽，一片蛮荒，罕有人迹。当飞机划过，可以看见红树林正在劳作。从空中俯瞰，万岛群岛呈现出极为特别的形状和结构。地质学家曾描述，群岛像是一群向东南方游动的鱼——每座鱼形岛屿的扩大端都有一个海水作的"眼睛"，所有小"鱼"的头都指向东南方。有观点认为，这些岛屿在形成之前，可能只是浅海的微浪将海底沙子推成的小山脊。然后，红树林来了，将沙波变成岛屿，用生机勃勃的绿色，永恒地保留着沙波的形状和走向。

今天，在几代人的注视下，几个分离的小岛合并成一个大岛，或者陆地向外延伸，与岛屿相连，海洋变成了陆地。

红树林海岸的未来将是什么？如果根据它近来的行为，我们可以预言，如今还被海水离散的岛屿，未来将被它建造成一片广阔的陆地。但这也只是当下人们的一厢情愿，因为海平面上升将会书写全然不同的历史。

与此同时，红树林还在继续扩张，将寂静的红树林森林在热带海域一寸一寸地铺开，不断向下生长牢固的根系，将迁徙的幼苗一株株抛上远航的旅途。

近海，银色的月光破碎在海面，寂静的夜里，潮水涌向岸边。水面之下，海流之下，生命的脉搏在珊瑚礁上澎湃激昂。

数十亿只珊瑚虫都从海中汲取生存的必需品，再通过快速的新陈代谢，将桡足类、海螺幼虫和微小蠕虫的组织转化为自身的营养，于是珊瑚得以生长、繁殖和出芽，珊瑚礁上每一只微小的珊瑚虫都建立了自己的石灰质洞室。

岁月不停流逝，数世纪的光阴汇入永远奔腾的时间洪流之中，这些珊瑚礁和红树林沼泽的建筑师，向着朦胧的未来完成自己的使命。但无论是珊瑚还是红树林，都无法决定它们建筑的世界何时属于陆地，又何时归于海洋。能决定这一切的，唯有海洋本身。

第六章　永恒的海

现在，我听见海的声音将我围绕：夜的潮涨正涌起，和混乱的水流打着漩涡，拍击着我书房窗下的岩石。海雾缭绕，从外海漫入海湾，笼罩着海面，笼罩着陆地的边缘，然后渗入云杉之间，又悄无声息地从杜松和杨梅间缓缓拂过。整个世界，充满躁动的海水和湿冷的雾气，而人类，只是局促的擅入者，在惊觉大海强大力量的压迫之后，响起雾号，以人类的方式嘟囔抱怨，打搅这夜的安宁。

潮声回荡，我不禁遥想，海潮此刻正如何推向其余几处海岸——潮水漫过南部海滩，那里海雾尚未升起，唯有皎月给波浪铺满层层银辉，为潮湿的沙滩披上温柔的白纱。而在更远处的海岸，潮水涌上月光下的岩尖，涌入黑夜里的珊瑚岩洞。

于是，我又开始思考，无论是类型特点还是栖息居民，这些海岸都千差万别，只因为与同一片海相连，才融为一体。但此时此刻，我感受到的差异，亦不过是昙花一现，不过是时间奔腾的洪流、海洋悠长的节律在这一刻的因果使然。曾几何时，脚下岩石林立的海岸只是一片沙地，后来海水上涨，生成新的海岸线。但来日遥遥，海浪会再次将巨石磨为细沙，海岸又复旧如初。我畅想着，海岸的形态不断归并、交融，如万花筒般千变万化，永不休止，永无尽头，所以陆地，也像大海一样，流动。

过去和未来的声响，回荡在所有海岸之上：时间的流沙抹去又含纳着过往种种；潮汐的更迭、海浪的拍击、海流的湍急——海的韵律亘古不休，塑造、改变、支配着海岸；生命的长河，从过去流向未知，像洋流一样不可阻挡。时间的推移，改变着海岸的结构，改变着生命的模式，物换星移，年复一年。每当大海塑成新的海岸，生命就会像浪潮般向岸上涌来，搜索立足点，建立栖息地。所以，生命其实也是一种有形的力量，如同海洋其他客观存在那样可观可感，强大而目的明确；就像浪潮，无法被压垮，也不会偏离终点。

想到海岸的生命如此蓬勃，我心中一阵惶恐，因为某种普遍的真理正在传播，而它已超出人类的理解。夜色下，硅藻在海面成群结队，闪烁着微光，它们在传递什么信息？浪卷下，藤壶在岩面安营扎寨，染白了岩石，每一只小生命都在寻找生存的必需品，它们又诉说着什么真理？膜孔苔虫这样微小，宛如一团透明的原生质，它的存在又有什么含义？虽然人类百思不得其解，但数以万亿只微小的生命聚于海岸，栖于岩石林，隐于海藻丛，必然有它如此的道理。这些意义时时萦绕在我们心头，百般思索，却仍像堕入云雾，不得求解。但在追求谜底的路上，我们正在不断接近"生命"本身的终极奥秘。

附 录　生物分类

## 原生植物门、原生动物门：单细胞植物、单细胞动物

细胞生物最简单的形式是单细胞植物（原生植物）和单细胞动物（原生动物）。但是，由于某些原生生物兼具动物和植物特征，很难将它们分类为植物或动物。比如，被动物学家划入动物门类的双鞭毛虫，也同时被植物学家划作植物门类的双鞭甲藻。尽管少数双鞭毛虫的体型大到足以肉眼可见，但大多还是需要借助显微镜才能观察。有的双鞭毛虫包着壳板，壳上长有顶刺，还有精美的花纹；有的拥有眼睛一样、非凡的感官胞器。但无论是哪一种结构的双鞭毛虫，都可以作为鱼类或其他动物的食物，因此是一种极为重要的海洋资源。夜光虫是沿海海域体型较大的一种双鞭毛虫，夜里可以在海中发出明亮的磷光；白天，它大量的色素细胞可以将海水染红。其他原生生物也可能会导致"赤潮"现象。赤潮发生时，海水会变色，微小细胞释放出毒素，导致海中鱼类等生物大片死亡。满潮时，潮池中还会出现红色和绿色的浮沫，被称为"红雨"或"红雪"，这也是因为双鞭毛虫或绿藻（例如"红球藻"）的过

度生长而引起的。海面出现的磷光或"蓝色火光"，也大多是双鞭毛虫的佳作，因为这种生物可以产生均匀扩散的漫射光，不会有太亮的光点。如果将其盛入容器中观察，我们可以发现，这光其实是由无数个微小的火花组成的。

放射虫是一种单细胞动物，其原生质外包裹着一层硅质的壳，壳上的花纹繁复美丽。这些微小的壳，纷纷沉入海底，在海床上大量聚集，形成独有特色的淤泥或沉积物。有孔虫是另一种单细胞动物，它能够分泌钙质，形成外壳，但有的也会用沙砾或海绵的骨针来构建防护结构。这些钙质壳最终会沉积在海底，沉积物将覆盖大部分海床。经过地质变化，它们可能会被压成石灰岩或者白垩，然后沧海桑田，它们又形成了如今的陆地景观，比如英国的白崖。有孔虫大多非常微小，因此1克沙中就可能包含多达5万个外壳。但同时，还有一类化石种，"货币虫"，有时可长到6~7英寸，它们形成的石灰岩层遍布北非、欧洲和亚洲。这些石灰岩曾用于建造狮身人面像和大金字塔。而在石油行业，有孔虫化石也常被地质学家用于定位岩层。

"硅藻"一词源于希腊语"diatomos"，意为"一分为二"。这是一种极其微小的植物，因为含有黄色素颗粒，所以常被归为黄绿藻类。它们以单细胞形式存在，或由细胞连接成链状群体。硅藻的生物组织被包裹在硅质的壳中，硅质壳两半相合，就像一只带盖的箱盒。壳面是其独有的、一幅幅精致的蚀刻版画。多数硅藻生活在外海，因为其数量惊人，成为海洋中最重要的一种食物，不仅是许多小型浮游生物的食物来源，还是贻贝、牡蛎等大型生物的营养素。它的组织死亡后，坚硬的外壳将会沉积在海底，形成硅藻泥，覆盖广袤的海床。

蓝绿藻，也被称为"蓝绿菌"，是最简单、最古老的一类生命形式，也是现存最古老的一种植物。蓝绿藻分布广泛，即便是在温泉等其他植物无法生存的艰苦环境里，也能找到它的身影。它的繁殖能力相当惊人，在池塘或其他静水的表面上形成一层着色膜——"水华"。多数蓝绿藻被包裹在一层胶质鞘中，可以保护它们熬过酷热或严寒。它们常见于基岩海岸高潮线以上的"黑色区域"。


## 菌藻植物门：高等藻类


绿藻可以承受强光，在潮间带的高处蓬勃生长。常见的绿藻包括多叶的海莴苣，以及长在高处岩石和潮池、多筋的管状藻类"肠浒苔"。在热带海域，更为常见的绿藻是刷毛状的"须刷藻"，经常在珊瑚礁的平面长出一片袖珍的森林；还有被称为"人鱼酒杯"的伞藻，外表似纯绿色的倒置小蘑菇。热带海域的部分绿藻富含钙元素，是重要的海洋资源。绿藻虽然主要生活在温暖的热带海域，但只要光线充足，它也会生长在海岸。此外，还有一些绿藻生活在淡水水域。

褐藻富含多种色素，将叶绿素遮盖，所以褐藻主要呈现出褐色、淡黄色或橄榄绿。褐藻不能适应高热和强光，因此除非藏于深海，它不会出现在温暖的中低纬度地区。但长在热带海岸的马尾藻是个例外，它顺着墨西哥湾暖流向北漂流。在北部海岸，褐色的岩藻生活在潮间带，海带或昆布则分布在低潮线以下至水深40～50英尺的海域。虽然所有藻类组织都会选择性地吸纳海水中存在的化学物质，但褐藻，尤其是海带，可以储存超乎寻常的碘量。早前，它们被广泛用于工业制碘；现今，它们也被大量用于制作碳水化合物褐藻胶，供应耐火纺织品、果冻、冰激凌、化妆品等各种工业生产。褐藻还富含海藻酸，所以弹力十足，可以抵御汹涌的涛浪。

在所有海藻中，红藻对光最为敏感，只有爱尔兰藻、掌状红皮藻等少数适应力强的红藻会生活在潮间带。大多数还是会选择在低水位以下的广阔海域，展现自己的袅娜之姿。还有一些甚至潜入海的更深处，一直到水下200多英寻的幽暗区域。一些珊瑚藻会在岩石或贝壳上形成硬痂。这些藻类富含碳酸镁和碳酸钙，在地球历史上发挥着十分重要的地球化学作用，也许还帮助形成了富含镁元素的大理石白云石。

## 多孔动物门：海绵

海绵属于多孔动物门，是最简单的一类动物，身体由多细胞组成。但与原生动物相比，它们又更进化了一步，因为它已形成内层与外层细胞，这意味着各层细胞已有专门的功能区分——有的用于汲水，有的用于进食，有的用于繁殖。细胞之间团结协作，实现海绵的唯一目的——让海水通过它筛子一样的身体。每条海绵都是一条设计精巧的运河系统，以纤维或矿物质作基质，被不计其数的小进水孔和大出水孔布满贯穿。在最内或最中心的腔室内，有大量鞭毛细胞整齐排列，结构与原生动物十分相似。挥动鞭子一样的毛，可以产生水流来吸水。水流流入海绵的过程中，会为海绵带来食物、矿物质以及氧气，并带走废弃物。

在一定程度上，海绵动物门中每一个亚类都具有独特的外表和生活习性。但与其他任何动物相比，海绵大概更能适应多样的环境。海浪袭来时，它们的外形变为扁壳，几乎完全看不出它原来的模样；而在宁静的深海中，它们呈直立的管状，或者像灌木一样分枝。因此，我们几乎无法通过外形来鉴定海绵的种类，而需要根据海绵骨架的性质来鉴别。海绵的骨架是以微小坚实的结构形成的疏松网架，被称为"骨针"。一些骨针是钙质的，而另外一些是硅质——海水中只有微量的二氧化硅，所以海绵必须大量过滤才能获得形成骨针的充足材料。从海水中提取二氧化硅的功能仅生命的原始形式才拥有，不会出现在比海绵更高等的生命中。市场上的海绵属于第三类，具有角质纤维构成的骨架，它们只生活在热带海域。

原本从海绵开始，生命就可以走向专门方向的进化，但大自然似乎又往回走了几步，把海绵丢在一边，重新采用了新材料。因为所有证据均表明，海绵与腔肠动物，以及其他更复杂动物的起源并没有交集，它被赶入了进化的死胡同。

## 腔肠动物门：海葵、珊瑚、水母和水螅

腔肠动物尽管结构简单，但此后所有更高等动物的进化皆以它为底图。它具有两层不同的细胞，即内胚层和外胚层，有时还有一层未分化的中胶层。中胶层不是细胞，而是更高等生物第三层细胞——中胚层的前身。每只腔肠动物基本上都是一个双层空心管，一端关闭，另一端打开。以此结构为基础，诞生了海葵、珊瑚、水母和水螅等多种生命形式。

所有腔肠动物都长有被称为"刺丝囊"的刺细胞。刺丝囊内充满液体，包裹着卷曲、尖锐的刺丝。刺丝时刻准备着射出，刺穿或缠绕路过的猎物。但高等动物不会再长刺细胞。尽管有报道称，扁虫和海蛞蝓中也发现了刺细胞，但它们是因为吞食了腔肠动物才获得的。

水螅纲动物清晰展现了腔肠动物的另一个特色，即水螅型和水母型的世代交替——像附着植物一样的水螅体，产生许多像水母一样的水母体，然后水母体又产生像植物一样的水螅体。但水螅更典型的世代，还是附着在基底上、在螅茎上分枝长出芽体或水螅花的水螅体。大多水螅体的外形像小海葵，而且能捕食。其他水螅体则以出芽的方式产生新的世代——各种各样的小水母体自由游泳、长大成熟，将卵子或精子排入海中。当水母体排出的卵子受精后，就又发育成另一个似植物的水螅型阶段。

另一类腔肠动物为钵水母，又称"真水母"。它的植物型世代不显著，主要以水母型茁壮成长。水母的体型差异巨大，有的极小，有的又像北极霞水母一样极其巨大——北极霞水母的最大直径可达 8 英尺（更常见的是 1~3 英尺），触手可以延伸 75 英尺。

珊瑚虫纲被誉为"花一样的动物"。在它身上，水母型世代已完全消失。珊瑚纲动物包括海葵、珊瑚虫、海扇和海鞭，其中海葵是进化的基本结构。其余珊瑚纲动物都以群而居，像海葵一样的珊瑚虫个体被嵌入岩石、造礁珊瑚等某种基底之中；但海扇和海鞭选择的基底组成物可能是具有蛋白质属性的角质物，类似于脊椎动物的毛发、指甲和鳞片所含的角蛋白。

## 栉水母动物门：栉水母

英国作家巴贝利翁（Barbellion）曾说道，阳光下的栉水母是这世上最美好的事物。它卵圆形的小小身体晶莹剔透，在水中旋转时，光彩耀目，流光溢彩。有时，栉水母会因为通体透明而被误认为是水母，但其实二者在结构上存在诸多差异。其中，栉板是栉水母动物独有的特征。栉水母的外表面上横陈着八行栉板。栉板以铰链结构相连，边缘游摆着头发丝一样的纤毛；当栉板连续推动栉水母在水中前进时，纤毛将阳光打碎，闪烁着独特的光芒。

与部分水母相似，大多数栉水母动物都生着长长的触手。触手没有刺细胞，但是有粘细胞，可以用来缠绕猎物，将其捕获。栉水母会吃掉大量的鱼苗和其他小型动物。它们主要生活在海水表层。

栉水母动物门所属物种不到一百种，是动物门中的一个小门类。一种栉水母身体扁平，不会游泳，只能在海床上匍匐前进。有专家认为，这些爬行的栉水母后来就演变成扁虫。

## 扁形动物门：扁虫

扁虫包含营自由生活和营寄生生活的两个种类。其中，营自由生活的扁虫薄如蝉翼，像一片会动的薄膜在岩石上漂浮，有时还会摇摆起伏，就像在水面上滑冰。就进化而言，扁虫至关重要。它是最早的三胚层动物，而三胚层是所有高等动物的特征。扁虫的身体两侧对称，互为镜像，并且头端先行。扁虫还开始形成了简单的神经系统，眼睛可能只是简单的色素眼点，但某些扁虫的头部长有发育良好的晶状体感知器官。扁虫没有循环系统，或许这也是它身体扁平的缘故，这样扁虫可以轻易与外界联系，氧气和二氧化碳也很容易通过表层细胞膜进入下层组织。

扁虫出现在海藻间、岩石上、潮池里，也藏在死去的软体动物的壳中。扁虫通常为肉食性，喜欢吞食蠕虫、甲壳类动物和微小的软体动物。

## 纽形动物门：纽虫

纽虫的身体富有弹性，时而呈圆形，时而扁平。其中一种生活在英国海域的纽虫，被称为"靴带蠕虫"，长度可达90英尺，当属最长的无脊椎动物。在美国沿海的浅海海域，脑纹纽虫可以长达20英尺，宽约1英寸。但是，大多数纽虫的长度不过几英寸，并且许多还远远不及1英寸。在它们受到惊扰时，它们会应激性地卷曲或打结，将身体缩回。

纽虫虽然肌肉发达，但不具备高等蠕虫所拥有的神经调控和肌肉调节的能力。它的大脑仅含有简单的神经节。部分纽虫具有原始的听觉器官，并且沿头部两侧的独特裂缝（像是一张嘴），似乎包含有重要的感觉器官。虽然少数纽虫雌雄同体，但大多数还是雌雄异体。可是，纽虫具有强烈的无性繁殖倾向，而且与此同时，当它被外界触碰时，应激之下自己会断成几节，这些断裂的节接着就生成为完整的纽虫。耶鲁大学的韦斯利·科（Wesley Coe）教授发现，一种纽虫可以被反复切割，直到切割生成不到原先长度十万分之一的微型蠕虫。据他所说，纽虫的成虫可以在不进食的情况下存活一年，它通过缩小体型来弥补营养的不足。

纽虫的独特之处在于它拥有伸缩自如的武器——吻部。

吻部平时被包裹在鞘内；捕食时，可以突然向外翻出，猛地甩出去，将猎物缠住，再卷入口中。许多纽虫的吻部还长有锋利的长矛或匕首，一旦丢失，还会迅速有备用品替换。纽虫都是肉食性的，多数主要以刚毛虫为食。

## 环节动物门：刚毛虫

环节动物门可以细分为好几个纲，其中多毛纲包括大部分海洋环节动物。许多多毛纲动物，或者刚毛虫，都是游泳健将，并且以捕食为生。但别的多毛纲动物喜欢久居不动，会造出各式管道供自己宅居，要么以沙子或泥土中的碎屑为食，要么就过滤海水中的浮游生物。一些刚毛虫可以被称为海洋中最美的生物，因为它们的身体要么闪耀着彩虹般绚丽的光彩，要么饰有柔软且颜色靓丽的触手冠。

刚毛虫的身体构造与低等生物相比，又有了巨大的进步。大部分刚毛虫都具备了循环系统[①]，因此不必再像扁虫那样身体扁薄，因为血液在血管中流动，可以将食物和氧气输送到身

---

① 但是常被用作鱼饵的吻沙蚕（又称"血虫"）没有血管，只在皮肤和消化道之间长有充血的腔体。

体的各个部位。有的刚毛虫血液为红色，有的则是绿色。它们的身体由一系列环节组成，前面几节融在一起，就形成了头部。每一个环节都生有一对不分枝、不分节的桨状附肢，用于爬行或游泳。

刚毛虫包含多种种类。常见的沙蚕经常被用作鱼饵，在它们的一生中，大半时间都躲在海底岩石之间的天然洞穴里，只有在捕食或成群产卵时才会现身。行动迟缓的海鳞虫生活在岩石下、泥穴中或固定在海藻上。龙介虫造出形状各异的石灰质管，平时只会将头部露在外面。别的刚毛虫，例如饰以羽毛、袅袅动人的巢沙蚕，在岩石或珊瑚藻壳下，又或在泥泞的海底建造黏液管。而一种群栖帚毛虫，用粗糙的沙砾造出几英寸宽的繁复建筑。虽然这些刚毛虫的洞穴密密麻麻宛如蜂巢，但结构坚固，甚至可以承受一个人的重量。

## 节肢动物门：龙虾、藤壶、片脚类

节肢动物门是一个庞大的动物门类，属种数量是其余动物门物种数总和的 5 倍。节肢动物门包括甲壳纲（比如蟹、虾、龙虾）、昆虫纲、多足纲（蜈蚣、千足虫）、蛛形纲（蜘蛛、螨虫和帝王蟹），以及生活在热带海域、形似蠕虫的有爪纲。除去少数昆虫、螨虫、海蜘蛛和帝王蟹，所有海洋节肢动物都属于桡足类甲壳纲。

环节动物的成对附肢只是简单的皮瓣，但节肢动物的附肢具有多个关节，可以专门用于实现各种功能，比如游泳、行走、搬运食物和感知环境。环节动物的内部器官和外部环境之间仅有一个简单的角质膜，但节肢动物则有充满石灰岩的几丁质骨架来保护自己。除此之外，骨架还能为肌肉提供坚实的支撑。但是，也有不便之处，随着动物体型不断增大，外壳必须时不时地脱落。

甲壳类动物包括常见的海洋生物，比如螃蟹、龙虾、虾和藤壶，同时也有一些鲜为人知的生物，比如介形类、等足类、片脚类和桡足类。出于种种原因，这些动物都很重要，也很有趣。

介形类是一种较为罕见的节肢动物。介形类的身体并不分节，其实被包裹在一个由两部分组成的壳或甲壳中，从一端逐渐向另一端变平，由肌肉控制开合，就像软体动物的壳。触角就像船桨，从甲壳的开口伸出，在水中划动，推动这小生物在水中前进。介形类通常生活在海藻之间或海底的沙上，白天它们通常会躲藏起来，只有在晚上才会外出觅食。很多海洋介形虫都会发出夜光，当它们四下穿巡时，就会发出星星点点的蓝色磷光。而这也是海中出现磷光现象的一个主要原因。并且即便是死亡、脱水，介形类依旧可以令人惊讶地持续发光。普林斯顿大学的 E. 牛顿·哈维（E. Newton Harvey）教授在其著作《生物发光》（*Bioluminescence*）中写道，"二战"时期，日本军官会在禁止使用手电筒的前沿阵地，使用经过干燥处理的介形虫粉末——将少量介形虫粉末倒入手中，再滴上几滴水，就可以获得充足光亮来阅读简报。

桡足类是一种体型渺小的甲壳类动物，身体浑圆，尾部有关节，附肢如船桨，行动迅捷。尽管体型微小——最大只有半英寸，最小需置于显微镜下方可见，但桡足类是海洋的一类基本种群，并且为不计其数的各类动物提供了食物。作为食物链中不可或缺的一环，桡足类让海中的营养盐经由浮游植物、浮游动物和食肉动物，最终被鱼类和鲸鱼等大型动物摄取。哲水蚤目的桡足类被称为"红饵料"，可以导致大片海面变红，被鲱鱼、鲭鱼以及某些鲸鱼大量食用。海燕和信天翁等外海的鸟类以浮游生物为食，并且有时这些鸟类主要靠桡足类为生。反观桡足类，只食硅藻，并且一天的进食量只等同于自身体重。

片脚类这种小型甲壳类动物，两侧扁平，但等足类动物的特征是上下扁平。这些名称可以很好地反映出这些小生物附肢的差异。片脚类的附肢不仅可以游泳，也可以行走或爬行；

而等足类的附肢，无论大小还是形状，从身体的一端到另一端，几乎不存在差异。

海岸上的片脚类有滩跳虾，也称为"沙蚤"。当受到惊扰，它会从海藻丛间一跃而起（如果不是一飞冲天的话）。还有一些片脚类生活在离岸的海藻间、岩石下，以有机残骸为食，也会被鱼、鸟等大型生物大量捕食。许多片脚类在离开水面后都会"侧躺蠕动"。滩跳虾用它的尾巴和后肢作为"弹簧"跳跃前进；其他的则会游泳。

生活在海岸的等足类，与花园中常见的潮虫是近缘，包括经常在岩石和码头桩上窜来窜去的等足类甲壳动物，比如海蟑螂、码头硕鼠和码头虱。它们已经离开了大海，并很少再回去；如果长时间被浸没在水中，它们会被淹死。另一些等足类生活在离岸，通常栖息于海藻间，颜色和形态会模拟海藻。还有一些在潮池里游戏，有时会啃咬涉水人的皮肤，产生刺痛或瘙痒感。等足类大多属于食腐动物，一些为寄生生物，还有一些会与毫无亲缘关系的物种共生。

片脚类和等足类都会在卵囊内孵育幼体，而不是将卵直接释放到大海中。这种习性可以有效提高幼体在海岸高处的存活率，同时也是在陆地生存的必要准备。

藤壶属于蔓足亚纲，源于拉丁文"cirrus"，意为"小卷"

或"螺旋"，得名大概是因为它弯曲得宜、长有羽毛的触手。藤壶的幼体阶段，与很多甲壳类的幼体相似，是营自由生活的类型；但是到了成体阶段，藤壶就成了营寄生生活的类型。它会将钙质外壳固定在岩石或其他坚硬的基体上，住在里面。鹅颈藤壶用如皮革般坚韧的柄固定，而岩藤壶或橡子藤壶则直接附着在基底上。鹅颈藤壶通常生活在海洋，附着在船只和各种漂浮物上。一些橡子藤壶则会牢固地附着在鲸鱼的皮肤或海龟的壳上。

大型甲壳类动物，比如虾、螃蟹和龙虾，不仅最为常见，而且我们可以清楚观察到节肢动物的典型结构。它们的头部和胸部可能连接在一起形成头胸部，并且覆盖着一个坚硬的壳或甲壳，只有根据附肢才能看出它们分为几个部分。但是，收缩自然的腹部或"尾部"分为好几节，是重要的游泳道具。不过，螃蟹的尾巴总是折叠在身体底下。

随着体型增大，节肢动物的硬壳必须定期脱落。它们会在背部裂开一个缝，然后钻出旧壳。旧壳之下是新壳，皱皱巴巴、柔软娇嫩。蜕完壳后，甲壳类会躲藏数日，直到新壳变得足够坚硬。

蛛形纲包括鲎类，以及蜘蛛和螨虫等另一类，后者中只有少部分生活在海洋。鲎，又称为"帝王蟹"，它的分布很有特点，在美国大西洋沿岸大量聚集，在欧洲海岸却不见踪影，而在由印度到日本的亚洲海岸，则存在三种典型代表。鲎的幼体阶段与寒武纪时期的三叶虫相似，常常让人遥想起古生代，所以也被称为活化石。鲎在海湾沿岸和其他相对平静的水域大量繁殖，以蛤蜊、蠕虫和其他小型动物为食。夏日里，它们会在沙中挖坑，然后将卵产入其中。

## 苔藓动物门：苔藓虫、膜孔苔虫

苔藓动物门是一群身份、亲缘皆不确定的动物，且形态各异。它们或者形似蓬松的植物，因此常被误认为海藻，特别是当它在海岸上被晒干时，与海藻尤为相似。另一种形态为扁平坚硬的版块，覆盖在海藻或岩石表面，好似蕾丝花边。还有一种会呈现为有分枝、竖直生长的凝胶质生物。它们全是营群体生活，或者像水螅虫那样彼此相连，全都生活在比邻的隔室中，或嵌入统一的基底。

薄壳状苔藓虫，或称"膜孔苔虫"，紧密排布的隔室宛如精美的马赛克图案。每间隔室中都住着一只有触手的小生物，看起来与水螅虫相似，但却有一个完整的消化系统、一个体腔、简单的神经系统，以及其他更高等动物具备的特征。苔藓动物的群体中，个体间很大程度上彼此独立，而不是像水螅那样相互连接。

苔藓虫是一群古老的生物，始于寒武纪时期。早前，有动物学家把苔藓虫当作一种海藻，后来又把它归为水螅。苔藓虫中大约有三千种生活在海洋里，只有极少数生活在淡水中，大约三十五种。

## 棘皮动物门：海星、海胆、海蛇尾、海参

在所有无脊椎动物中，棘皮动物是真正的海洋动物，因为它的近 5000 个物种中，没有一种生活在淡水或陆地。它们是一群古老的生物，同样可以追溯到寒武纪时期，而且在此后的数亿年里，没有一种棘皮动物曾试图登上陆地生活。

最早出现的棘皮动物是海百合，以柄固着在古生代的海床上。当前已知的海百合化石种类约为 2100 种，而全世界现存 800 种。如今，海百合大多生活在东印度群岛海域，少数生活在西印度群岛地区，或远至哈特拉斯角以北，但并不出现在新英格兰的浅海。

海岸上常见的棘皮动物代表着这一门的四纲，分别为海星纲、蛇尾纲和蛇尾、海胆纲和沙钱，以及海参纲和海参。所

有棘皮动物似乎与数字"5"缘分匪浅，它们的许多结构数量都是 5 或 5 的倍数，所以"5"几乎是这类动物的典型特征。

海星又称"星鱼"，背腹扁平，通常呈五角星形，虽然腕数可能有差异。海星的表皮因为硬石灰板显得极为粗糙，板上还长有细短的棘刺。大部分种类的海星，表皮上还长有小钳子一样的结构，下端是活动自如的叉棘；这样，海星就可以清扫表皮上的沙砾，并且摘掉企图在它身上附着久居的生物幼体。由于海星的呼吸器官非常脆弱，环饰组织非常柔软，且从表皮上突出，所以表皮粗糙很有必要。

和其他棘皮动物一样，海星也拥有一套水血管系统，主要用于运动以及其他功能。该系统由一系列注水管道组成，连接海星身体的各个部位。海星通过上表层的穿孔板，也就是筛板，泵入海水。海水沿着管道流动，最后流进腕下表面的细槽中伸缩自如的管足。每个管足的尖端都有一个吸盘。管足可以通过改变液体静压来伸长收缩——当管足伸展开来，吸盘会牢牢吸住身下的岩石或其他坚硬表面，然后拖动海星的身体前进。管足还被用于抓获贻贝或其他双壳软体动物的外壳，吃掉壳里的软体组织。海星移动时，任意一只腕都可能先行，充当暂时的"头部"。

身姿纤细优雅的海蛇尾和蛇尾的腕足下表面没有沟槽，

且管足减少。但是，这种动物可以通过扭动腕足来快速移动。它们是活跃的捕食者，以多种小型动物为食。有时，在近海海底，数百只海蛇尾会组成一张"床"，埋伏以待——一张活生生的大网，几乎可以截留所有的小型生物。

海胆的管足自上而下排为五列，就像地球上贯通南北极点的子午线。它的骨板衔接坚实，形成一个球状的壳或甲壳。唯一可以移动的结构有管足，可以从甲壳上的孔伸出；还有骨板凸起处长着的叉棘和棘刺，海胆离开水面，管足就会缩回到体内，但回到水中后，管足可能伸出到棘刺外，抓牢基底或捕捉猎物。海胆可能还具有感观功能。不同种类海胆的棘刺在长度和厚度方面存在显著差异。

海胆的嘴长在下表面，五颗雪白发亮的牙齿围成一圈，可用于刮食岩石上的植被，并辅助动物移动。虽然诸如环节动物等无脊椎动物也长有咬颚，但海胆是首个具有咬碎器官的动物。海胆的牙齿由口内的突出器官控制，该器官由钙质杆和肌肉组成，被动物学家称为"亚里士多德提灯"。在它的上表面，消化道通过靠近中央的肛孔向外排泄。

肛孔周围是五块花瓣形状的骨板，每个骨板上均有一个小孔，用于排出卵子或精子。海胆的生殖器官位于上表面或背侧面之下，共有五个。生殖腺几乎是海胆唯一柔软的部位，常被做成美味，尤其深受地中海国家的人们喜爱。海鸥也喜欢吃海胆的生殖腺，它们通常会把海胆从高处砸向岩石，把甲壳砸碎，这样就可以吃到柔软的嫩肉了。

海胆的卵已被广泛应用于关于细胞性质的生物学研究。1899 年，雅克·洛布（Jacques Loeb）在一次具有历史意义的人工孤雌生殖演示中，使用了海胆的卵，仅仅通过化学或机械刺激，就使得未受精卵直接发育。

海参是一种很特别的棘皮动物，它的身体柔软奇长。海参能够爬行，爬行时嘴端先行，所以海参不仅保有棘皮动物的径向对称性，还兼有次要的双侧对称性。海参仅在身体的下表面长有三排管足。一些海参偏好穴居，会用嵌在体表的小骨针来抓握周围的泥沙，帮助自己行进。不同种类海参的"骨针"也有差异，因此必须通过显微镜观察骨针，才能鉴别海参的种类。生活在热带海域的海参体型较大，且数量丰富；而在北部海域，海参多生活在近海海底或潮间带岩石和海藻中，且体型较小。

## 软体动物门：蛤蜊、海螺、鱿鱼、石鳖

由于外壳千姿百态，且外形精致、图纹秀美，一些软体

动物的名号可能比其他海岸动物的响亮得多。比起其他无脊椎动物，软体动物具有一些独有的特性，尽管它们的先祖以及幼体的性质表明，它们的远祖可能与扁虫是近亲。软体动物的身体都非常柔软且没有分节，受坚硬的外壳保护。软体动物最为显著、最具特征的结构是外套膜，一种像斗篷一样包裹身体的组织，能够分泌形成外壳，并负责构建外壳复杂的结构和精美的装饰。

最常见的软体动物是海螺等腹足纲和蛤蜊等状双壳纲；最原始的软体动物是行动迟缓的多板纲，或石鳖；最不为人所知的是掘足纲，或象牙贝；而最为高等的软体动物则是以鱿鱼为代表的头足纲。

腹足纲的贝壳是一个单瓣或整片，并多少盘有螺旋。几乎所有海螺都是"右撇子"，也就是说面向观察者，开口都朝向右旋。当然也有例外，在佛罗里达海滩上，左旋海螺十分常见。偶尔，左旋海螺也可能会出现在"右撇子"的群落里。一些腹足纲的贝壳已经退化，仅在内部留有残余，比如海兔；或者贝壳完全消失，比如海蛞蝓和裸鳃类动物，不过它们的胚胎中还保有螺旋形的壳。

海螺大多非常活跃好动，是一种杂食类动物，不仅刮食岩石上的植被，也会捕食小型动物。但固定不动的舟螺，或称"履螺"，是个例外；它们像牡蛎、蛤蜊和其他双壳纲动物一样附着在贝壳上或海底，过滤海水中的硅藻为食。大多数海螺靠肌肉发达的"足部"来行进，或在沙里挖洞。当受到惊扰，或面临退潮时，它们会缩回壳内，用被称为"鳃盖"的钙质或角质板合上开口。不同类型海螺的鳃盖，形状和结构各异，因此可以利用鳃盖对海螺种类加以鉴别。与双壳纲除外的其他软体动物一样，腹足纲动物有一个明显的、布满牙齿的带状物——齿舌，长在口咽腔（有的腹足纲则长在长吻的末端），可以用来刮食岩石上的植物，或者在带壳的猎物身上钻洞。

除去少数例外，双壳纲都是定栖动物，有的甚至还会永久固定在坚硬的基底上，比如牡蛎。贻贝等动物则会分泌足丝来锚定身体。扇贝和蓑蛤是为数不多具备游泳能力的双壳纲。竹蛏有一只细长的尖足，凭借尖足可以在沙土中以不可思议的速度挖出很深的洞。

底土之中的双壳纲之所以能深藏于地下，是因为有长长的呼吸管，即虹吸管，可以通过它将海水吸入，然后获得氧气和食物。它们大多为悬食生物，从海水中过滤微小的养料。还有些双壳纲，比如樱蛤和斧蛤，以海底堆积的碎屑为生。双壳纲都不是食肉动物。

腹足纲和双壳纲的外壳都是由外套膜分泌而成，主要化学成分为碳酸钙，是方解石外层和霰石内层的材料，虽然两种矿石化学成分相同，但霰石更重更硬。外壳中还含有磷酸钙和碳酸镁。石灰质材料下的基底是贝壳硬蛋白，一种化学成分近似几丁质的物质。外套膜上既有色素形成细胞，也有壳质分泌细胞。在这两种细胞的共同作用下，外壳雕刻精美、花纹绚丽。尽管贝壳的形成会受到环境和动物本身生理因素的影响，但基本的遗传模式依旧会发挥强大的主导作用，因此每一种软体动物的外壳都别具特色，可以通过观察贝壳来识别动物的种类。

第三类软体动物是头足纲，与海螺、蛤蜊简直截然不同，让人很难从外表上得出它们之间存在什么联系。虽然古代海洋被带壳头足纲统治，但如今除了鹦鹉螺，其他头足纲都脱下了外壳，只在内部留下难以察觉的残余。

头足纲动物可分为两大类，其中一类为十足目，长有圆柱形的身体和十条腕足，其中代表动物有鱿鱼、羊角螺和乌贼；另一类为八足目，身体呈袋状，腕足为八条，其中代表动物是章鱼和船蛸。

鱿鱼身强体壮，且身姿敏捷，若是短距离赛跑，其他海洋动物可能难以望其项背。游泳时，它通过虹吸管喷出水柱，获得动力，并通过改变虹吸管的前后指向来控制行进方向。一些体型较小的鱿鱼游水时总是成群结队。鱿鱼都是肉食性动物，喜好鱼类、甲壳类动物和各种小型无脊椎动物，同时是鳕鱼、鲭鱼等大型鱼类的盘中餐，也是上好的钓饵。

巨型鱿鱼是无脊椎动物中体型最大的软体动物。世界上最大的鱿鱼标本发现于在纽芬兰大浅滩，体长约 55 英尺（包括腕足）。

章鱼喜欢昼伏夜出。熟谙章鱼习性的人说，章鱼生性胆小，喜欢独来独往。章鱼生活在洞穴里或岩石间，以螃蟹、软体动物和小型鱼类为食。有时人们可以通过入口附近堆积如山的软体动物空壳来定位章鱼的洞穴。

石鳖是一种原始的软体动物，属于双神经纲。它们大多穿着外壳，壳由八块横版构成，中间以坚韧的绳带捆系。它们在岩石上缓慢爬行，吃掉岩石上的植物。停下不动时，它们就进入一片洼地，身体的颜色与周围环境融为一体，难以被察觉。西印度群岛的居民将它们当作食材，称为"海牛肉"。

第五类软体动物是鲜为人知的掘足纲，例如齿贝或象牙贝。掘足纲的外壳就像一根象牙，不过长度仅一至几英寸，且两端开口。它们会用一只又小又尖的"足"来挖掘沙底。一些专家认为，它们的结构可能与所有软体动物的祖先都相似。不过，这也只是一种推测，因为软体动物的主要种类早在寒武纪时期就已确定，关于祖先形态的线索非常模糊。齿贝约有二百种，分布在各大洋，但是，从未在潮间带出现。

## 脊索动物门：被囊动物

海鞘是海岸上最具代表的脊索动物，也是早期脊索动物门——被囊动物的有趣成员。作为脊索动物或脊椎动物的先驱，所有脊索动物在一生的成长中总会有过软骨材料制成的加固杆，往后它将进化成高等动物都具有的脊柱。但成体海鞘却又退化成简单的低等生物，生理特征更像牡蛎或蛤蜊。只有海鞘的幼体才会具有明显的脊索特征。尽管海鞘的幼体十分微小，但与蝌蚪十分相似，拥有脊索和尾巴，能够自由游动。在幼体阶段结束之后，海鞘会找地方定居，固着不动，然后逐渐退化成相当简单的成体形态，脊索特征也随之消失。这种现象十分奇特，因为海鞘的幼体表现出比成体更高级的形态，海鞘的成长不是在进化，而是在退化。

成体海鞘的外形就像一个袋子，袋子上有两个管状开口（虹吸管），一个用于吸水，一个用于排水。咽部有许多小孔，水流通过孔隙过滤。它得名是因为当它受到惊扰，会急剧收缩，迫使水流通过虹吸管喷出。这些结构简单的海鞘，喜欢独立生存，每个个体都被包裹在一个坚硬的壳内，壳由类似纤维素的化学物质构成。壳上常常会堆积沙子和碎屑，形成一张厚垫，遮住了动物原本的形状。它们以这样的形式在码头桩、浮标和岩架上繁衍生息。而对于复合型和群居性海鞘而言，它们会彼此粘接在一起，共同嵌入坚硬的胶状物质中。不同于结构单一的海鞘，群体中的每个个体，都是由单个创始个体无性繁殖而来，最常见的复合型海鞘是列精海鞘，俗称"海猪肉"，取名源于它的群落通常看起来像是灰色的软骨。它们可能会在岩石底部形成一块薄薄的垫子，或者在近海直立生长，形成一块厚板，然后可能会被海浪折断，卷上海岸。

淹没在群体中的个体不易察觉，但通过放大镜，可以看见表面呈现的一个个凹坑，每一个开口都是海鞘与外界联系的唯一通道。不过，一些美丽的复合型海鞘，比如菊花海鞘，个体像一簇簇绽放的花朵，非常引人注目。